"十四五"职业教育计算机类系列教材

数据可视化技术应用

SHUJU KESHIHUA JISHU YINGYONG

陕娟娟 / 主编

中国铁道出版社有限公司
CHINA RAILWAY PUBLISHING HOUSE CO., LTD.

内 容 简 介

本书是面对当前科学可视化、信息可视化、可视分析研究和应用的新形势，专门为计算机、统计、大数据处理及相关专业开设的"数据可视化"课程而编写的，采用理论与案例相结合的形式，由浅入深地介绍 Excel、Tableau、Python 在可视化方面的应用。全书共分为七个项目：项目一和项目二介绍通过 Excel 工具实现全国人口数据可视化；项目三和项目四介绍通过 Tableau 工具实现大学生就业数据可视化；项目五和项目六介绍通过 Python 编程方式实现大学生消费数据可视化；项目七介绍通过 Excel、Tableau 和 Python 编程实现高校新生数据综合展示。

本书适合作为高等职业院校计算机相关专业的教材，也可作为数据可视化技术爱好者的入门书籍。

图书在版编目（CIP）数据

数据可视化技术应用 / 陕娟娟主编．—北京：中国铁道出版社有限公司，2022.6

"十四五"职业教育计算机类系列教材

ISBN 978-7-113-28835-8

Ⅰ.①数⋯ Ⅱ.①陕⋯ Ⅲ.①可视化软件 - 高等职业教育 - 教材 Ⅳ.①TP31

中国版本图书馆 CIP 数据核字（2022）第 022465 号

书　　名	数据可视化技术应用
作　　者	陕娟娟

策　　划	汪　敏	编辑部电话	（010）63549508
责任编辑	汪　敏　许　璐		
封面设计	刘　颖		
责任校对	苗　丹		
责任印制	樊启鹏		

出版发行：中国铁道出版社有限公司（100054，北京市西城区右安门西街 8 号）

网　　址：http://www.tdpress.com/51eds/

印　　刷：三河市兴达印务有限公司

版　　次：2022 年 6 月第 1 版　2022 年 6 月第 1 次印刷

开　　本：787 mm×1 092 mm　1/16　印张：10.25　字数：242 千

书　　号：ISBN 978-7-113-28835-8

定　　价：33.00 元

版权所有　侵权必究

凡购买铁道版图书，如有印制质量问题，请与本社教材图书营销部联系调换。电话：（010）63550836

打击盗版举报电话：（010）63549461

前言

数据可视化起源于18世纪。在《商业与政治地图册》一书中第一次使用了柱形图和折线图。19世纪初，第一次使用了饼图。这三种图形都沿用至今。随着数字经济时代的到来，新一代信息技术（如大数据、人工智能等）得到广泛应用，数据可视化作为大量数据的呈现方式，成为当前重要的应用方向。

本书遵循岗课赛证融通综合育人理念，将数据可视化工程师岗位工作任务、数据分析与应用职业技能等级证书中数据可视化处理工作任务和职业技能要求，以及数据分析与可视化技术应用行业技能大赛内容，融入教学内容。根据教育部最新的三教改革要求，结合多年专业建设和课程改革经验，采用真实项目案例的方式编写。特点是项目引导、任务驱动、由浅入深、循序渐进地讲解不同的可视化实用技术。使读者能够运用大数据思维，熟悉可视化应用的趋势，解决学习和工作中的实际问题，真正掌握数据可视化技术。

全书共分为七个项目：项目一和项目二介绍通过Excel工具实现全国人口数据可视化；项目三和项目四介绍通过Tableau工具实现学生就业数据可视化；项目五和项目六介绍通过Python编程方式实现学生消费数据可视化；项目七介绍通过Excel、Tableau和Python编程分别实现学校新生数据综合展示。在每个项目中设有多个任务实例，读者可以边学边练习，并在实践中提升实际可视化设计、开发与应用能力。

本书适合作为高等职业院校计算机相关专业的教材，也可作为数据可视化技术爱好者的入门书籍。

本书由陕娟娟任主编，王飞跃、朱凯丽参与编写。

尽管我们付出了很大的努力，书中仍难免会有不妥之处，欢迎各界专家和读者来信提出宝贵意见，我们将不胜感激。

请发送电子邮件至：sjj_0226@163.com。

编 者

2021年11月

目 录

项目一 全国人口普查数据可视化...............1

 项目导读..1
 项目目标..1
 项目描述..1
 知识链接..2
 项目实战..7
  任务 创建简单Excel可视化..........7
 项目巩固与提高.............................12
 项目总结..21

项目二 全国人口普查数据可视化
   进阶..22

 项目导读..22
 项目目标..22
 项目描述..22
 知识链接..23
 项目实战..33
  任务 创建复杂Excel可视化........33
 项目巩固与提高.............................43
 项目总结..48

项目三 大学生就业数据可视化...............49

 项目导读..49
 项目目标..49
 项目描述..49

 知识链接..51
 项目实战..54
  任务 创建简单Tableau可视化....54
 项目巩固与提高.............................61
 项目总结..66

项目四 大学生就业数据可视化进阶.........67

 项目导读..67
 项目目标..67
 项目描述..67
 知识链接..69
 项目实战..73
  任务 创建复杂Tableau可视化....73
 项目巩固与提高.............................79
 项目总结..86

项目五 大学生消费数据可视化...............88

 项目导读..88
 项目目标..88
 项目描述..88
 知识链接..89
 项目实战......................................103
  任务 创建简单Python可视化...103
 项目巩固与提高...........................114
 项目总结......................................121

项目六 大学生消费数据可视化进阶 122
    项目导读 122
    项目目标 122
    项目描述 122
    知识链接 123
    项目实战 125
        任务 创建复杂Python可视化 125
    项目巩固与提高 134
    项目总结 142

项目七 高校新生数据综合展示 143
    项目导读 143
    项目目标 143
    项目描述 143
    知识链接 144
    项目实战 145
        任务 不同工具可视化 145
    项目总结 158

项目一　全国人口普查数据可视化

📑 项目导读

本项目是全国人口普查数据可视化，将处理一些全国人口普查的数据，通过可视化展示，使大家可以更直观地认识数据，了解数据变化的趋势。2020年11月1日零时为标准时点开展了第七次全国人口普查，2021年5月11日，中华人民共和国国务院新闻办公室（以下简称国新办）举行第七次全国人口普查主要数据结果发布会，公布了第七次全国人口普查结果数据。我们将以1953年以来的七次全国总人口数为例，利用Excel生成可视化图表。通过图表可以观察到近70年我国总人口的变化情况。

👥 项目目标

知识目标	能力目标	职业素养
① 掌握Excel工具的特点。 ② 掌握用Excel工具创建简单的可视化图表。 ③ 掌握图表元素、图表样式、图表筛选器三大功能	① 会Excel工具的使用。 ② 会图表创建、修改、删除。 ③ 会操作图表的三大功能	① 具有自主学习Excel工具的能力。 ② 具有诚信、刻苦、严谨的学习态度

🏢 项目描述

中国每十年就会做一次全国性的人口普查。自1953年以来，我国已经进行了七次全国人口普查。作为十四亿人口的庞大市场，中国人口数据的任何变化都可能会引起不可估量的劳动力市场变化。通过人口普查可以摸清我国人口详细数量、人口结构等方面的情况，及时开展人口普查可以推动经济高质量发展，完善人口发展战略和政策体系。

作为学生的小杨通过互联网了解到这次全国普查的新闻，出于对数据的敏感和好奇，他想通过一个简单的方式（如Excel工具）将这七次全国总人口的数据展示出来。

Excel是基于Windows操作系统的一款电子表格软件。自诞生以来，它以强大的数据整理、数据库管理、图形图表制作等能力，一直处于数据处理领域的领先地位。下面介绍一下Excel各个版本的发展历史。

1982年，微软公司推出了其第一款电子制表软件（Multiplan），并在控制程序（CP/M）系统上大获成功，但在微软磁盘操作（MS-DOS）系统上，Multiplan败给了一款较早的电子表格软件，这一事件促使了Excel的诞生。

1983年9月，微软公司软件专家在西雅图的红狮宾馆召开了为期3天的"头脑风暴会议"，比尔·盖茨宣布此次会议的宗旨就是尽快推出世界上最高速的电子表格软件。

1985年，第一款Excel诞生，它只用于麦金塔计算机（Mac）系统，中文译名为"超越"。

1987年，第一款适用于Windows系统的Excel诞生。由于莲花1-2-3（Lotus1-2-3）迟迟不能适用于Windows系统，1988年，Excel的销量超过了Lotus1-2-3，使得微软公司站在了计算机软件商的领先位置，巩固了它强有力的竞争者地位，并从中找到了发展图形软件的方向。

此后大约每隔两年，微软公司就会推出新的Excel版本来扩大自身的优势。

知识链接

在介绍Excel之前，首先看一下通过Excel工具做出来的可视化效果，如图1.1、图1.2所示。

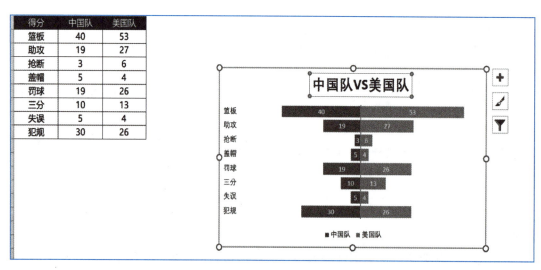

图1.1　中国队和美国队篮球比赛数据

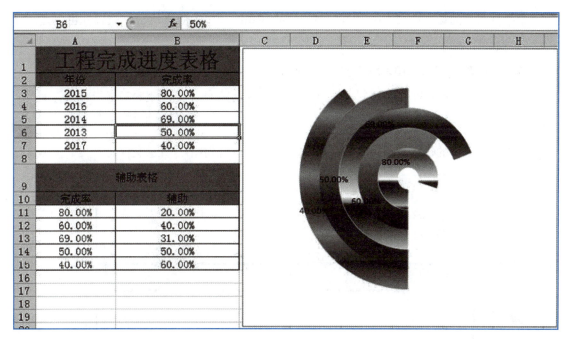

图1.2 工程完成进度表

1. Excel简介

（1）Excel的概念

Excel是Microsoft Office的组件之一，是微软办公套装软件的一个重要的组成部分，它可以进行各种数据的处理、统计分析和辅助决策操作，广泛应用于管理、统计财经、金融等众多领域。

（2）比较不同环境下的Excel

Excel除了用在台式计算机、笔记本式计算机，还可用于许多不同的环境。在每种环境下都能提供一致的体验，帮助用户提高工作效率。但在其他环境下的特点还略有不同，见表1.1。

表1.1 其他环境下Excel的特点

环　　境	用　　途
平板计算机和手机	在移动设备环境下具有触摸功能，包含了许多（但并非所有）桌面应用程序的功能。它们最适合进行轻型、在外编辑
云计算	Excel云化环境几乎能在任何Web浏览器中快速访问，包含了许多（但并非所有）桌面应用程序的功能。这种环境下的特点是安全、无任何设备限制。若要使用云下Excel可登录https://office.live.com/start/Excel.aspx

本教材选择的是Excel 2016，可以在Windows 7系统及以上版本运行，兼容性也更好。

2．安装Excel

本书选择在Windows 10系统下安装Excel 2016。

> **注意**：由于微软公司的版权限制，需要从微软官方的一个首页商城购买激活码后才能下载，此处省略下载步骤。

首先将下载好的Office 2016的iso镜像进行解压缩，得到图1.3所示文件。

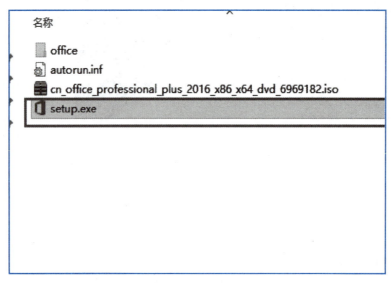

图1.3　Office 2016解压后文件

双击运行setup.exe，出现图1.4所示"即将准备就绪"的提示。

图1.4　"即将准备就绪"提示

图1.4的界面等待片刻后，会出现图1.5所示"正在安装Office"的提示。

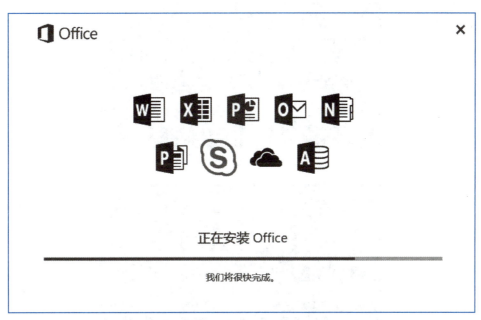

图1.5 "正在安装Office"提示

等待安装进度条完成后，出现图1.6所示"一切就绪！Office当前已安装"提示，说明已安装成功。

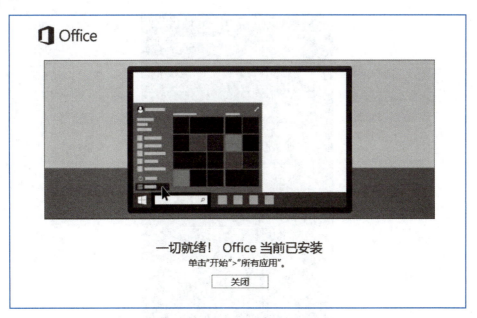

图1.6 "一切就绪！Office当前已安装"提示

按照图1.6的提示，在"桌面"左下角单击"开始"按钮，或者按【Windows】键，或【Ctrl+Esc】组合键（见图1.7、图1.8），进入计算机"开始"页面，单击图1.9中的"Excel 2016"，即可打开Excel 2016软件进行相关操作。

图1.7 【Windows】键

图1.8 【Ctrl+Esc】组合键

图1.9 Excel 2016程序

视 频

创建简单
Excel可视化

任务 创建简单Excel可视化

任务描述

2021年5月11日，国新办举行第七次全国人口普查主要数据结果发布会，公布了第七次全国人口普查数据，其中第七次全国人口普查的全国人口为141 178万人，另外的六次分别为1953年的58 260万人、1964年的69 458万人、1982年的100 818万人、1990年的113 368万人、2000年的126 583万人、2010年的133 972万人。

任务实施

如何通过Excel工具对以上数据进行展示呢？操作步骤如下。

步骤1：环境准备

打开Excel后可以看到图1.10所示的操作界面。

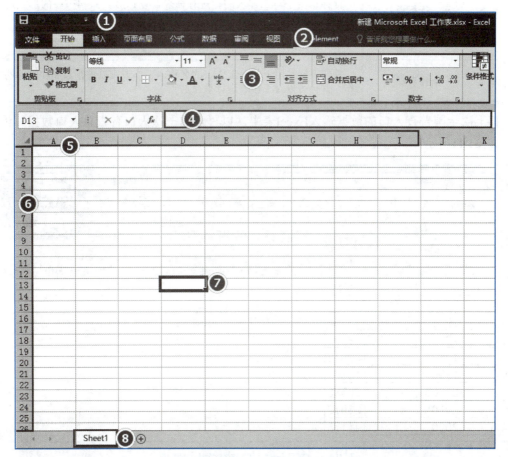

图1.10 Excel开始页

可见Excel开始页中有多个功能分区,其对应的名称和功能见表1.2。

表1.2　Excel开始页的功能分区

序号	名称	功能
1	快速访问工具栏	快速访问工具栏位于标题栏的左侧。用户可以单击"自定义快速访问工具栏"按钮,在弹出的下拉列表中选择常用的工具
2	选项卡	默认状态下,Excel 2016会显示出文件、开始、插入、页面布局、公式、数据、审阅、视图这八个选项卡,以及新增加的"告诉我你想要做什么"的输入框
3	功能区	功能区由选项卡和它下面对应的命令组成
4	编辑栏	编辑栏用来显示和编辑当前活动单元格的数据和公式
5	列标识	列标识用于对工作表的列进行命名,以A、B、C、D……的形式进行编号
6	行标识	行标识用于对工作表的行进行命名,以1、2、3、4……的形式进行编号
7	单元格	单元格是用户用来输入内容的区域,单元格被行和列包围着
8	工作表标签	工作表标签用于显示工作表的名称,工作表可以进行添加和删除的操作,并且可以对工作表进行重命名

将七次全国普查人口的数据输入Excel表中,以"全国七次人口普查总人口数据"为标题,如图1.11所示。

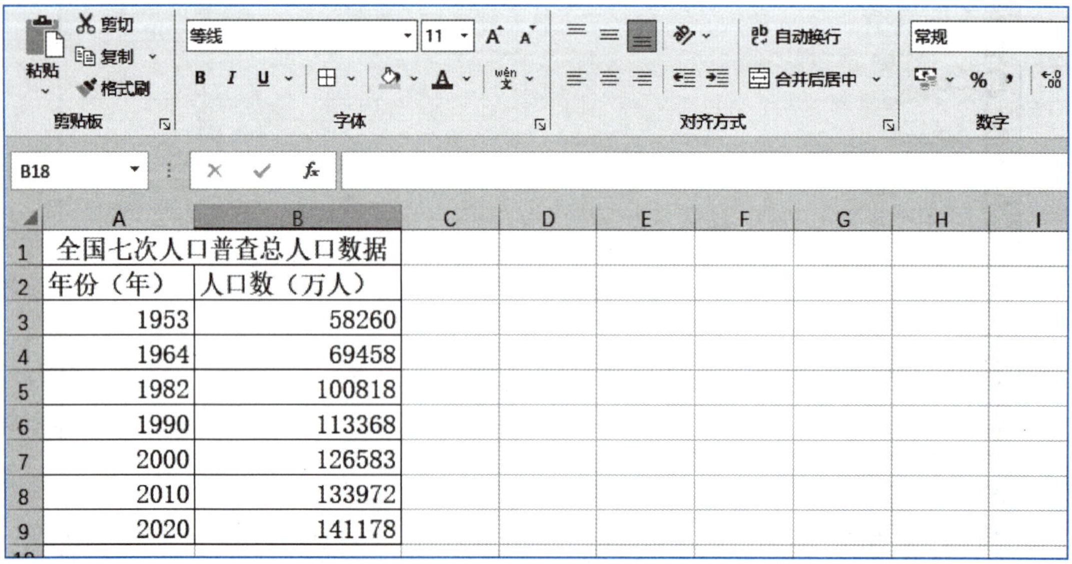

图1.11　全国七次人口普查总人口数据

步骤2：制作"柱形图"

选中数据，单击"插入"→"图表"→"插入柱形图或条形图"→"簇状柱形图"按钮，如图1.12所示。

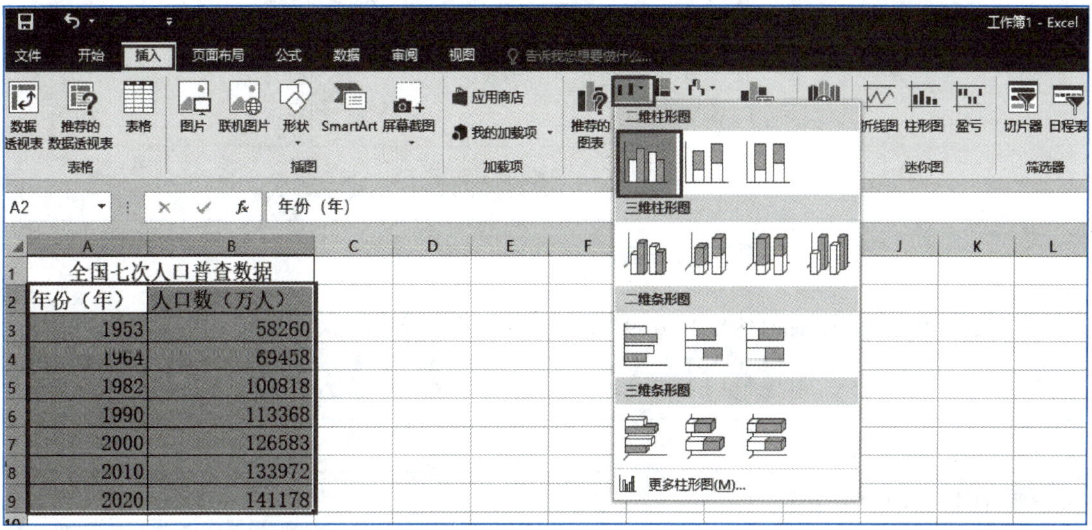

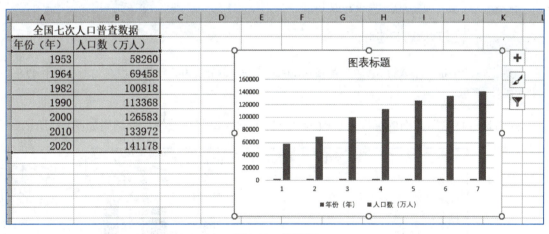

图1.12 柱形图展示操作步骤

结果如图1.13所示。

图1.13 柱形图

可见横轴没有出现"年份"，如果想显示出横轴为年份的柱形图，需要进行以下操作：右击柱形图，在弹出的快捷菜单中选择"选择数据"命令，在弹出的"选择数据源"对话框的"图例项"选项框中取消选中"年份"复选框，在"水平（分类）轴标签"选项框中单击"编辑"按钮，在弹出的"轴标签"对话框的文本框中输入"=Sheet1!$A$3:$A$9"，如图1.14所示。

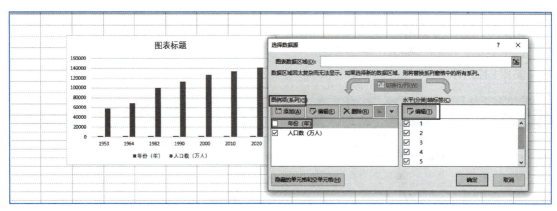

图1.14　更改柱形图水平（分类）轴标签

注意：这里对代码"=Sheet1!$A$3:$A$9"做一下解释，见表1.3。

表1.3　代码"=Sheet1!$A$3:$A$9"的含义

代　　码	含　　义
=Sheet1!	Sheet1工作表
$A$3	操作列数为A，行数为3的数据，本例中即为"1953"这个年份
$	绝对引用符号
$A$9	操作列数为A，行数为9的数据
:	表示从哪里到哪里

综上，"=Sheet1!$A$3:$A$9"是指在Sheet1表中从A3到A9的数据，即我们想要操作的年份数据。

接着选中柱形图上面的标题，更改为"全国七次人口普查数据"，结果如图1.15所示。

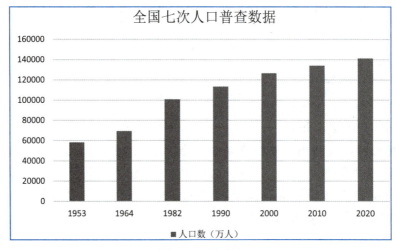

图1.15　柱形图

步骤3：制作"饼图"

单击"插入"→"图表"→"插入饼图或圆环图"→"饼图"按钮，如图1.16所示。

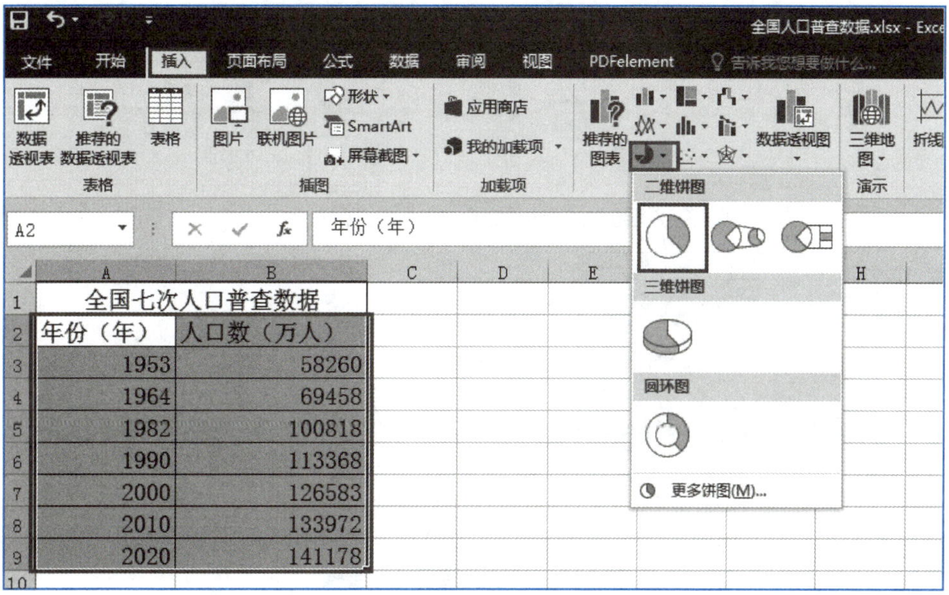

图1.16　饼图展示操作步骤

在生成的饼图中按照与步骤2中相同的方法，更改水平（分类）轴标签，可生成图1.17所示的饼图。

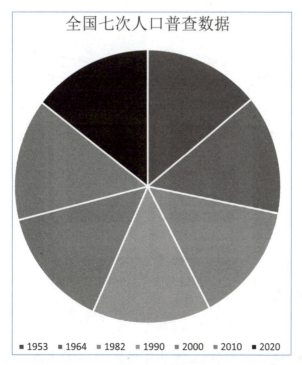

图1.17　饼图

步骤4：制作"折线图"

单击"插入"→"图表"→"插入折线图或面积图"→"折线图"按钮，如图1.18所示。

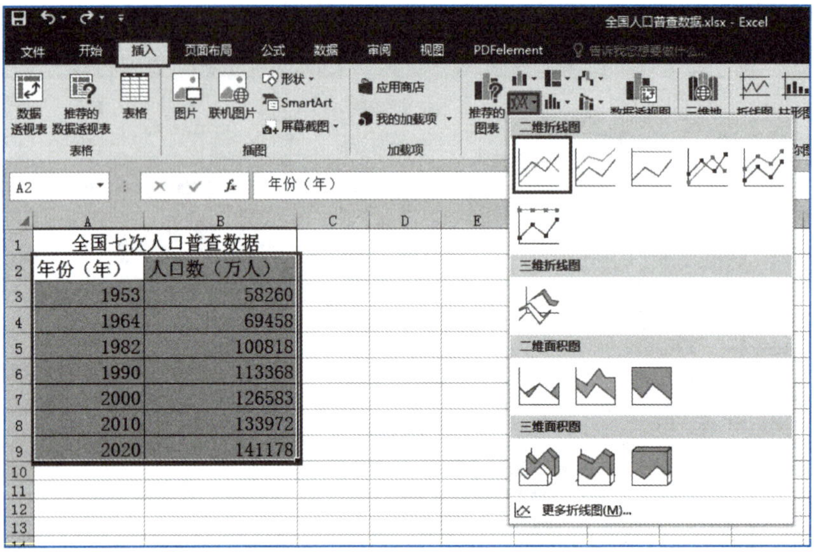

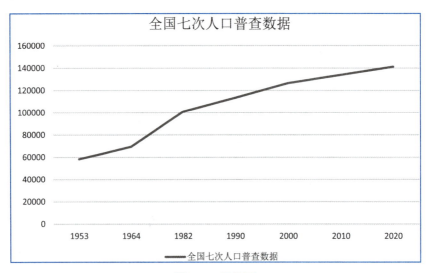

图1.18 折线图展示操作步骤

在生成的折线图中按照与步骤2相同的方法，更改水平（分类）轴标签，可生成图1.19所示的折线图。

图1.19 折线图

项目巩固与提高

1. 注意事项

在前面的项目中已经学习通过Excel来构建简单的可视化图例，虽然显示这些图例很简单，但是需要注意以下两点：

（1）错误显示类别

类别的作用是提示图表所指代的事物，读图时需要通过类别来了解具体对象，是图形中必不可少的元素。如果不对轴标签的数据源进行更改，会出现图1.20所示的无法辨别年份的情况，正常情况下，横轴是年份，纵轴是人口数，在制作图表时，一定要检查一遍，看是否符合预期效果。

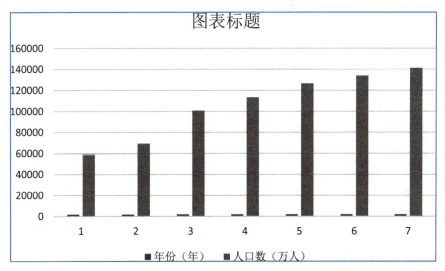

图1.20　年份错误显示

（2）纵坐标从0开始

纵坐标应该从哪个数值开始？还是以柱形图为例，图1.21中是相同的数据，但是有着不同的起始点，左图从30 000开始，右图从0开始。

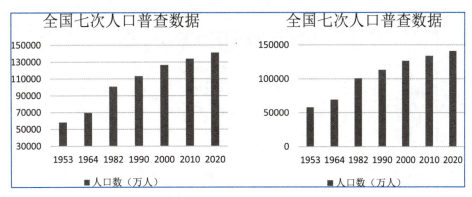

图1.21　纵轴不同起点的柱形图

在图中，2020年的人口数看上去是1953年的三倍多，但是实际上只有两倍多。右图是真实直观的数据反映，所以，如果要做一个准确展示数据的图，纵坐标应尽量从0开始。

2．可视化展示扩展

在创建图表后，不仅可以对图表区域进行编辑，还可以选择图表中的不同对象进行装饰。装饰图表有三个重要的功能：图表元素、图表样式和图表筛选器。

（1）图表元素

选中图表后，右上角出现一个 + 按钮，如图1.22所示，单击后弹出"图表元素"列表，可对图表的基本元素进行修改，如添加坐标轴、坐标轴标题、图表标题、数据标签、数据表等元素。通过这些元素的使用，图表的数据表现力更直观、更强大。接下来选择几个常用的"图表元素"进行介绍。

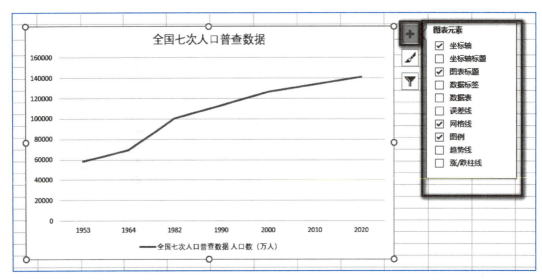

图1.22　图表元素的操作

① 坐标轴。默认"坐标轴"的复选框是选中状态，当取消选中时会出现图1.23所示的效果。

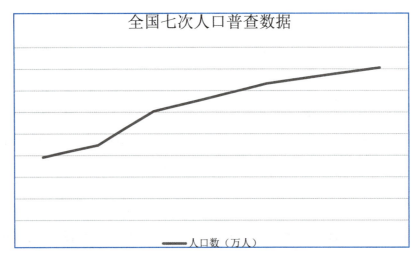

图1.23　坐标抽的操作

② 坐标轴标题。此选项默认是非选中状态，当选中时，即可编辑横纵坐标轴的标题，

如图1.24所示。例如，编辑横坐标轴标题为"年份（年）"，纵坐标轴为"人口数（万人）"。

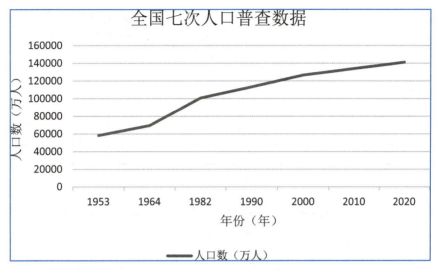

图1.24　修改坐标轴标题

③ 数据标签。数据标签是在选择的标签位置上显示各项数据值，使其与工作表中的数据联系更紧密，表现也更直观。选中"数据标签"，即可为图表添加标签。例如，选择"数据标签"并且选中"上方"选项，效果如图1.25所示。

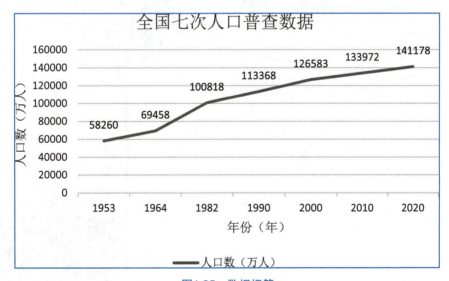

图1.25　数据标签

④ 数据表。图表中的点与工作表中的数据是一一对应的，有时为了避免在查看两者对应数据时所带来的麻烦，可以将数据显示在图表中。选中"数据表"复选框，则图表区中将显示数据表，效果如图1.26所示。

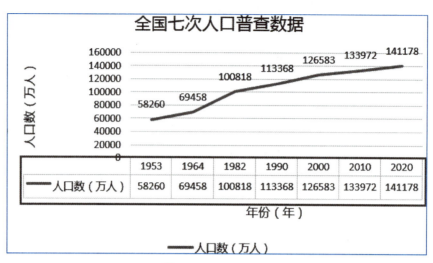

图1.26　显示数据表

（2）图表样式

选中图表后，右上角显示的第二个按钮是 ，单击后出现图1.27所示列表，可对图表的样式和颜色进行修改，使图表看起来更美观。

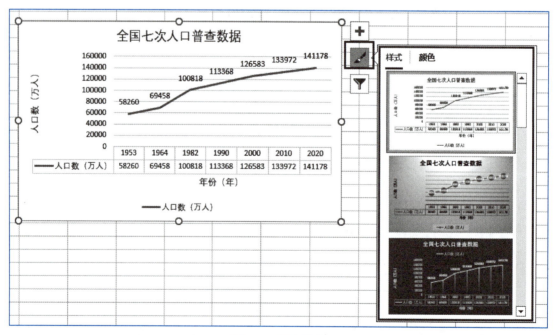

图1.27　图表样式

这里选择"样式9"和"彩色调色板4"，效果如图1.28所示。

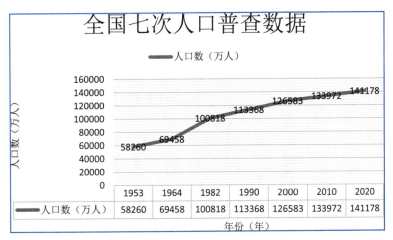

图1.28　图表样式效果

（3）图表筛选器

选中图表后，右上角出现的第三个按钮是 ▼，单击后，出现图1.29所示图表筛选器。图表筛选器具有对数值和名称进行筛选的功能，能十分方便地对需要的数据进行选择。将图表和筛选功能结合来控制图表显示的内容也是一种简单且高效的方法。

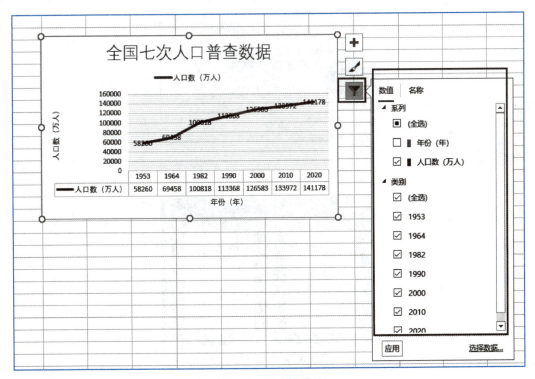

图1.29　图表筛选器

例如，在"类别"中将"1953"和"1964"复选框取消勾选，单击"应用"按钮，图表中1953年和1964年的数据就消失了，如图1.30所示。

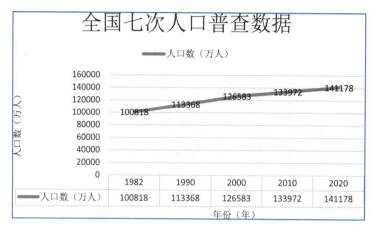

图1.30 筛选效果

以上是Excel工具的图表元素、图表样式和图表筛选器功能,在进阶项目中,将对两个图表进行联合操作。

3. 手机环境下的Excel

首先在手机"应用市场"中搜索"Microsoft Excel",看到图1.31所示软件。

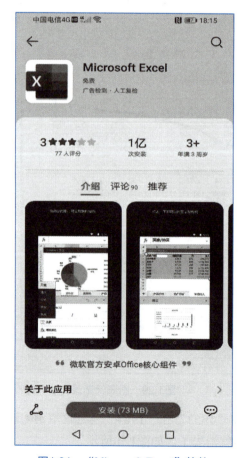

图1.31 "Microsoft Excel"软件

单击"安装"按钮,即可将"Microsoft Excel"软件安装到手机页面,如图1.32所示。

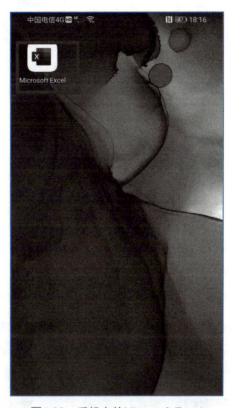

图1.32　手机上的Microsoft Excel

单击此软件,将"全国七次人口普查数据"通过软件打开,如图1.33所示。

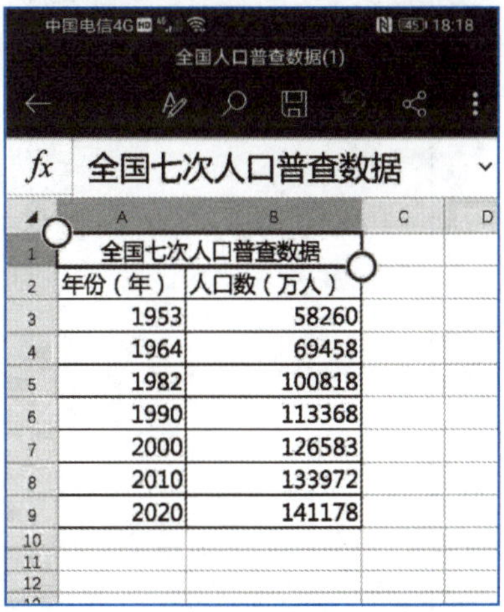

图1.33　打开"全国七次人口普查数据"

然后单击右下角的箭头,左下角出现"开始"按钮,如图1.34所示。

单击"开始"按钮,选择"插入"选项,如图1.35所示。

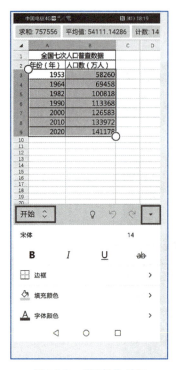
图1.34 "开始"按钮

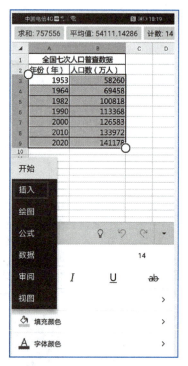
图1.35 选择"插入"选项

选中数据,单击"插入"→"图表"→"饼图",选择第一个样式,如图1.36所示。最后呈现出手机端的饼图效果,如图1.37所示。

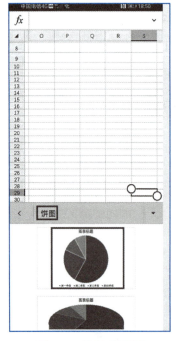
图1.36 选择"饼图"

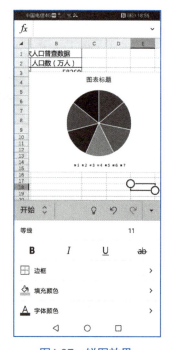
图1.37 饼图效果

对饼图的美化操作与计算机环境下的操作类似，读者可自行动手实践。

项目总结

1. 技术层面

① 以安装Excel为基础，对Excel"插入"选项卡中的"柱形图""饼图""折线图"进行了学习。

② 在图表的基础上讲解了图表的图表元素、图表样式和图表筛选器三大功能，这三个功能是图表的基础功能，也是进阶项目的基础。

③ 完成对手机环境下Excel的"饼图"操作。

2. 数据层面

① 中国经济进入改革开放时代以后，"以人为本"的发展思想更加突出。第七次人口普查对了解中国人口规模及结构现状，以及对于政府决策和市场主体把握时代发展规律具有极为重要的意义。

② 第七次人口普查的数据引起了社会各界的高度关注，其中有一些利好信息，如劳动人口规模庞大。

③ 人口的变化趋势在中长期内将对经济社会产生深远影响，应系统分析人口变化带来的机遇与挑战，及早做好政策应对，以促进可持续发展。

项目二　全国人口普查数据可视化进阶

项目导读

在项目一中我们学习了全国人口普查数据可视化的基础篇，项目一的熟练掌握是我们学好本项目的前提。在本项目中我们会继续处理全国人口普查的数据，只不过较之项目一的数据更复杂，数据类型更加多样化，通过进阶项目的学习有利于读者对数据产生更为深刻的理解。众所周知，我国第七次全国人口普查数据的数据类型复杂多样，囊括了人口总量、户别人口、人口地区分布、性别构成等九大人口普查关键点，为完善我国人口发展战略和政策体系、制定经济社会发展规划、推动高质量发展提供了准确的统计信息支持。本项目将以第七次全国人口普查数据的人口地区分布、年龄构成为例，利用Excel生成更为复杂多样的可视化图表，通过这些图表的展示可以更全面地了解普查数据概况。

项目目标

知识目标	能力目标	职业素养
① 掌握Excel数据的处理。 ② 掌握用Excel工具创建复杂的可视化图表。 ③ 熟练操作Excel数据的合并可视化功能	① 会Excel数据处理中的增、删、改操作。 ② 能用Excel工具创建雷达图和对称条形图。 ③ 会对数据合并操作，并把合并后的数据展示出来	① 具有自主学习的能力。 ② 对Excel旧知识的迁移和新知识的结合能力。 ③ 具有诚信、专研、严谨的工作态度

项目描述

根据第七次全国人口普查数据，2020年我国人户分离人口达到4.93亿人，约占总人口的35%。其中，流动人口3.76亿人，10年间增长了将近70%。从流向上看，人口持续向沿江、沿海地区和内地城区集聚，长三角、珠三角、成渝城市群等主要城市群的人口增长迅速，这说明集聚程度加大。改革开放以来，中国人口的空间变动实现了由低流动性的"乡土中国"向高流动性的"迁徙中国"的转变，人口迁移流动在人口形势变动中，尤其是区域人口空间分布格局变化方面发挥了重要的作用。

在另一项普查结果中可以获知，我国60岁及以上人口有2.6亿人，占比达到18.70%，2010年至2020年，60岁及以上人口占比上升了5.44%，与上个10年相比，上升幅度提高了2.51%。人口老龄化不仅是社会经济发展的结果，也是社会发展的重要趋势，并且也是今后较长一段时期我国的基本国情，这既是挑战也存在机遇。

对于上面提到的总人口和年龄分布数据，我们能否对比一下第六次的人口普查数据，分析不同省、自治区、直辖市在十年当中的人口流动以及人口年龄变化，以此得出经济发展区域变化？另外，对于年龄分布变化和总人口数能否通过Excel图表的可视化，发现其中的关联？

因为这两项数据都包含31个省、自治区、直辖市不同维度的分类，所以数据相对复杂和多样，我们需要对数据进行准备和处理，然后把处理好的数据进行描述和表达，将多维数据通过Excel工具进行复杂展示。

知识链接

图2.1和图2.2所示为比较复杂的Excel可视化效果。图2.1是第七次人口普查中十个地区人口数据雷达图，图2.2是第七次全国人口普查中五个省份年龄构成。与简单图表的内容相比，其内容更加丰富，形式也更加多样。

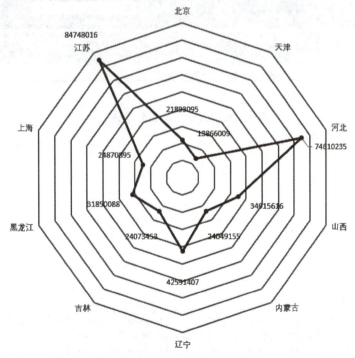

图2.1 雷达图十个地区人口数据

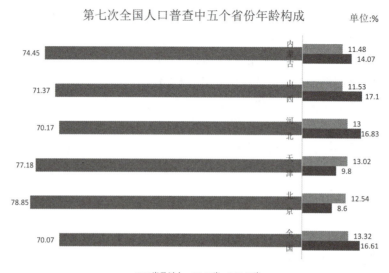

图2.2 五个省份年龄构成

1. 数据准备

为了保证数据的权威性、真实性,我们从国家统计局官网获取展示所需的数据。第七次全国人口普查公报(第三号)展示了地区人口情况数据,如图2.3所示。

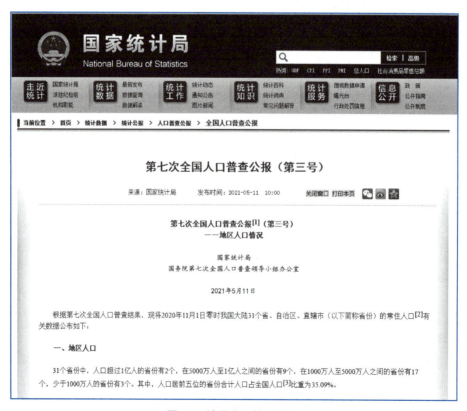

图2.3 地区人口情况数据

第七次全国人口普查公报（第五号）展示了人口年龄构成情况数据，如图2.4所示。

国家统计局
National Bureau of Statistics

当前位置 > 首页 > 统计数据 > 统计公报 > 人口普查公报 > 全国人口普查公报

第七次全国人口普查公报（第五号）

来源：国家统计局　　发布时间：2021-05-11 10:00　　关闭窗口　打印本页

第七次全国人口普查公报[1]（第五号）
——人口年龄构成情况

国家统计局
国务院第七次全国人口普查领导小组办公室

2021年5月11日

根据第七次全国人口普查结果，现将2020年11月1日零时我国大陆31个省、自治区、直辖市（以下简称省份）和现役军人的人口年龄构成情况公布如下：

一、全国人口年龄构成

全国人口[2]中，0—14岁[3]人口为253383938人，占17.95%；15—59岁人口为894376020人，占63.35%；60岁及以上人口为264018766人，占18.70%，其中65岁及以上人口为190635280人，占13.50%。与2010年第六次全国人口普查相比，0—14岁人口的比重上升1.35个百分点，15—59岁人口的比重下降6.79个百分点，60岁及以上人口的比重上升5.44个百分点，65岁及以上人口的比重上升4.63个百分点。

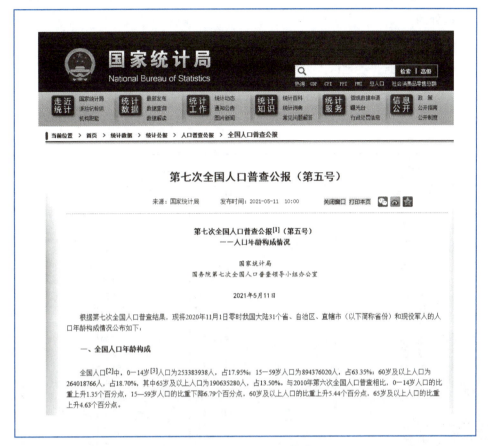

图2.4　全国人口年龄构成

第六次全国人口普查数据国家统计局官网页面如图2.5所示。

1-1 各地区户数、人口数和性别比

地区	户数							
	合计	家庭户	集体户	合计				
				合计	男	女	性别比（女=100）	小计
全　国	417722698	401934196	15788502	1332810869	682329104	650481765	104.90	1239981250
北　京	7355291	6680552	674739	19612368	10126430	9485938	106.75	16389723
天　津	3963604	3661992	301612	12938693	6907091	6031602	114.52	10262186
河　北	20813492	20395116	418376	71854210	36430286	35423924	102.84	68538709
山　西	10654162	10330207	323955	35712101	18338760	17373341	105.56	33484131
内蒙古	8470472	8205498	264974	24706291	12838243	11868048	108.17	23071690
辽　宁	15334912	14994046	340866	43746323	22147745	21598578	102.54	41755874
吉　林	9162183	8998492	163691	27452815	13907218	13545597	102.67	26457769
黑龙江	13192935	13000088	192847	38313991	19426106	18887885	102.85	36884039
上　海	8893483	8253257	640226	23019196	11854916	11164280	106.19	20593430
江　苏	25635291	24381782	1253509	78660941	39626707	39034234	101.52	71685839

图2.5　第六次全国人口普查数据页面

可在官网左边栏目中选择所需的地区人口情况数据和人口年龄构成情况数据。

2. 数据处理

（1）处理第七次人口普查数据中各地区人口数据

通过官网可以看到"各地区人口情况"的原始网页数据，如图2.6所示。

表3-1　各地区人口

单位：人、%

地区	人口数	比重[6]	
		2020年	2010年
全　国[5]	1411778724	100.00	100.00
北　京	21893095	1.55	1.46
天　津	13866009	0.98	0.97
河　北	74610235	5.28	5.36
山　西	34915616	2.47	2.67
内蒙古	24049155	1.70	1.84
辽　宁	42591407	3.02	3.27
吉　林	24073453	1.71	2.05
黑龙江	31850088	2.26	2.86
上　海	24870895	1.76	1.72
江　苏	84748016	6.00	5.87
浙　江	64567588	4.57	4.06
安　徽	61027171	4.32	4.44
福　建	41540086	2.94	2.75
江　西	45188635	3.20	3.33
山　东	101527453	7.19	7.15
河　南	99365519	7.04	7.02
湖　北	57752557	4.09	4.27
湖　南	66444864	4.71	4.90
广　东	126012510	8.93	7.79
广　西	50126804	3.55	3.44
海　南	10081232	0.71	0.65
重　庆	32054159	2.27	2.15
四　川	83674866	5.93	6.00
贵　州	38562148	2.73	2.59
云　南	47209277	3.34	3.43
西　藏	3648100	0.26	0.22
陕　西	39528999	2.80	2.79
甘　肃	25019831	1.77	1.91
青　海	5923957	0.42	0.42
宁　夏	7202654	0.51	0.47
新　疆	25852345	1.83	1.63
现役军人	2000000		

图2.6　各地区人口数据情况

先将图2.6的数据复制到Excel表格中，如图2.7所示。在各地区的人口数据中，我们仅需"地区"和"人口数"两列数据，即A、B列，删除其余无关数据后的数据如图2.8所示。

	A	B	C	D
1	地区	人口数	比重[6]	
2			2020年	2010年
3	全　国[5]	1411778724	100	100
4	北　京	21893095	1.55	1.46
5	天　津	13866009	0.98	0.97
6	河　北	74610235	5.28	5.36
7	山　西	34915616	2.47	2.67
8	内蒙古	24049155	1.7	1.84
9	辽　宁	42591407	3.02	3.27
10	吉　林	24073453	1.71	2.05
11	黑龙江	31850088	2.26	2.86
12	上　海	24870895	1.76	1.72
13	江　苏	84748016	6	5.87
14	浙　江	64567588	4.57	4.06
15	安　徽	61027171	4.32	4.44
16	福　建	41540086	2.94	2.75
17	江　西	45188635	3.2	3.33
18	山　东	101527453	7.19	7.15
19	河　南	99365519	7.04	7.02
20	湖　北	57752557	4.09	4.27
21	湖　南	66444864	4.71	4.9
22	广　东	126012510	8.93	7.79
23	广　西	50126804	3.55	3.44
24	海　南	10081232	0.71	0.65
25	重　庆	32054159	2.27	2.15
26	四　川	83674866	5.93	6
27	贵　州	38562148	2.73	2.59
28	云　南	47209277	3.34	3.43
29	西　藏	3648100	0.26	0.22
30	陕　西	39528999	2.8	2.79
31	甘　肃	25019831	1.77	1.91
32	青　海	5923957	0.42	0.42
33	宁　夏	7202654	0.51	0.47
34	新　疆	25852345	1.83	1.63
35	现役军人	2000000		

图2.7　将网页数据复制到Excel表格中

	A	B
1	地区	人口数
2	全　国[5]	1411778724
3	北　京	21893095
4	天　津	13866009
5	河　北	74610235
6	山　西	34915616
7	内蒙古	24049155
8	辽　宁	42591407
9	吉　林	24073453
10	黑龙江	31850088
11	上　海	24870895
12	江　苏	84748016
13	浙　江	64567588
14	安　徽	61027171
15	福　建	41540086
16	江　西	45188635
17	山　东	101527453
18	河　南	99365519
19	湖　北	57752557
20	湖　南	66444864
21	广　东	126012510
22	广　西	50126804
23	海　南	10081232
24	重　庆	32054159
25	四　川	83674866
26	贵　州	38562148
27	云　南	47209277
28	西　藏	3648100
29	陕　西	39528999
30	甘　肃	25019831
31	青　海	5923957
32	宁　夏	7202654
33	新　疆	25852345

图2.8　处理后的各地区人口数据

将表格以“第七次人口普查各地区人口数据”为文件名进行保存，如图2.9所示。

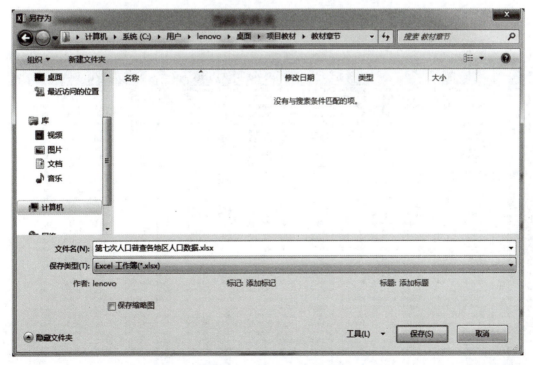

图2.9　保存第七次人口普查各地区人口数据

（2）处理第六次人口普查数据中各地区人口数据

通过官网可以看到左侧栏目中“1-1 各地区户数、人口数和性别比”的原始网页数据，如图2.10所示。

地 区	户 数			
	合计	家庭户	集体户	合计
全 国	417722698	401934196	15788502	1332810869
北 京	7355291	6680552	674739	19612368
天 津	3963604	3661992	301612	12938693
河 北	20813492	20395116	418376	71854210
山 西	10654162	10330207	323955	35712101
内 蒙 古	8470472	8205498	264974	24706291
辽 宁	15334912	14994046	340866	43746323
吉 林	9162183	8998492	163691	27452815
黑 龙 江	13192935	13000088	192847	38313991
上 海	8893483	8253257	640226	23019196
江 苏	25635291	24381782	1253509	78660941
浙 江	20060115	18854021	1206094	54426891

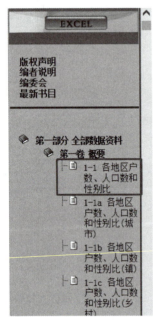

图2.10　各地区户数、人口数和性别比

将图2.10页面中的数据复制到一个空的Excel表格中，如图2.11所示。

	A	B	C	D	E	F	G	H	I	J	K	L	M	N	O	P	Q
1	区	户 数			人 口 数												平均家庭户规模（人/户）
2					合 计				家 庭 户				集 体 户				
3–4		合计	家庭户	集体户	合计	男	女	性别比（女=100）	小计	男	女	性别比（女=100）	小计	男	女	性别比（女=100）	
5	全 国	417722698	401934196	15788502	1.333E+09	682329104	650481765	104.9	1.24E+09	627410399	612570851	102.42	92829619	54918705	37910914	144.86	3.09
6	北 京	7355291	6680552	674739	19612368	10126430	9485938	106.75	16389723	8173161	8216562	99.47	3222645	1953269	1269376	153.88	2.45
7	天 津	3963604	3661992	301612	12938693	6907091	6031602	114.52	10262186	5129604	5132582	99.94	2676507	1777487	899020	197.71	2.8
8	河 北	20813492	20395116	418376	71854210	36430286	35423924	102.84	68538709	34552649	33986060	101.67	3315501	1877637	1437864	130.59	3.36
9	山 西	10654162	10330207	323955	35712101	18338760	17373341	105.56	33484131	16988087	16496044	102.98	2227970	1350673	877297	153.96	3.24
10	内蒙古	8470472	8205498	264974	24706291	12838243	11868048	108.17	23071690	11725291	11346399	103.34	1634601	1112952	521649	213.35	2.81
11	辽 宁	15334912	14994046	340866	43746323	22147745	21598578	102.54	41755874	20956756	20799118	100.76	1990449	1190989	799460	148.97	2.78
12	吉 林	9162183	8998492	163691	27452815	13907218	13545597	102.67	26457769	13358390	13099379	101.98	995046	548828	446218	123	2.94
13	黑龙江	13192935	13000088	192847	38313991	19426106	18887885	102.85	36884039	18603181	18280858	101.76	1429952	822925	607027	135.57	2.84
14	上 海	8893483	8253257	640226	23019196	11854916	11164280	106.19	20593430	10318168	10275262	100.42	2425766	1536748	889018	172.86	2.5
15	江 苏	25635291	24381782	1253509	78660941	39626707	39034234	101.52	71685839	35542124	36143715	98.34	6975102	4084583	2890519	141.31	2.94
16	浙 江	20060115	18854021	1206094	54426891	27965641	26461250	105.69	49425543	25037320	24388223	102.66	5001348	2928321	2073027	141.26	2.62
17	安 徽	19322432	18861956	460476	59500468	30245513	29254955	103.39	56493891	28462853	28031038	101.54	3006577	1782660	1223917	145.65	3
18	福 建	11971873	11206317	765556	36894217	18981054	17913163	105.96	33397663	16901083	16496580	102.45	3496554	2079971	1416583	146.83	2.98
19	江 西	11847841	11542527	305314	44567797	23003521	21564276	106.67	42181417	21600070	20581347	104.95	2386380	1403451	982929	142.78	3.65
20	山 东	30794664	30105454	689210	95792719	48446944	47345775	102.33	89855501	45023357	44832144	100.43	5937218	3423587	2513631	136.2	2.98
21	河 南	26404973	25928729	476244	94029939	47493063	46536876	102.05	90028072	45262137	44765935	101.11	4001867	2230926	1770941	125.97	3.47
22	湖 北	17253385	16695121	558264	57237727	29391247	27846480	105.55	52745625	26826301	25919324	103.5	4492102	2564946	1927156	133.09	3.16
23	湖 南	19029894	18625710	404184	65700762	33776459	31924303	105.8	61911446	31611459	30299987	104.33	3789316	2165000	1624316	133.29	3.32
24	广 东	32222752	28630609	3592143	104320459	54400538	49919921	108.98	88979305	45465958	43513347	104.49	15341154	8934580	6406574	139.46	3.11
25	广 西	13467663	13151404	316259	46023761	23924704	22099057	108.26	43970320	22733969	21236351	107.05	2053441	1190735	862706	138.02	3.34
26	海 南	2451819	2331149	120670	8671485	4592283	4079202	112.58	8060519	4231490	3829029	110.51	610966	360793	250173	144.22	3.46
27	重 庆	10272559	10000965	271594	28846170	14608870	14237300	102.61	26994017	13542424	13451593	100.68	1852153	1066446	785707	135.73	2.7
28	四 川	26383458	25794161	589297	80417528	40827834	39589694	103.13	76207174	38380622	37826552	101.46	4210354	2447212	1763142	138.8	2.95
29	贵 州	10745630	10558461	187169	34748556	17905471	16843085	106.31	33571308	17153547	16417761	104.48	1177248	751924	425324	176.79	3.18
30	云 南	12695396	12339961	355435	45966766	23856696	22110070	107.9	43626674	22391253	21235421	105.44	2340092	1465443	874649	167.55	3.54
31	西 藏	689521	670838	18683	3002165	1542652	1459513	105.7	2837769	1429541	1408228	101.51	164396	113111	51285	220.55	4.23
32	陕 西	11084516	10718563	365953	37327379	19287575	18039804	106.92	34462115	17556257	16905858	103.85	2865264	1731318	1133946	152.68	3.22
33	甘 肃	7113833	6900369	213464	25575263	13064193	12511070	104.42	24052594	12141360	11911234	101.93	1522669	922833	599836	153.85	3.49
34	青 海	1586635	1529039	57596	5626723	2913793	2712930	107.4	5284525	2675766	2608759	102.57	342198	238027	104171	228.5	3.46
35	宁 夏	1945064	1882205	62859	6301350	3227404	3073946	104.99	5970133	3015722	2954411	102.08	331217	211682	119535	177.09	3.17
36	新 疆	6902850	6705607	197243	21815815	11270147	10545668	106.87	20802249	10620499	10181750	104.31	1013566	649648	363918	178.51	3.1

图2.11　将网页数据复制到Excel表格中

在图2.11所示数据中，我们仅需"地区"和"人口数"两列数据，即A、E列，删除其余无关数据后的数据如图2.12所示。

地区	人口数
全 国	1332810869
北 京	19612368
天 津	12938693
河 北	71854210
山 西	35712101
内 蒙 古	24706291
辽 宁	43746323
吉 林	27452815
黑 龙 江	38313991
上 海	23019196
江 苏	78660941
浙 江	54426891
安 徽	59500468
福 建	36894217
江 西	44567797
山 东	95792719
河 南	94029939
湖 北	57237727
湖 南	65700762
广 东	104320459
广 西	46023761
海 南	8671485
重 庆	28846170
四 川	80417528
贵 州	34748556
云 南	45966766
西 藏	3002165
陕 西	37327379
甘 肃	25575263
青 海	5626723
宁 夏	6301350
新 疆	21815815

图2.12　处理后的各地区人口数据

将表格以"第六次人口普查各地区人口数据"为文件名进行保存，如图2.13所示。

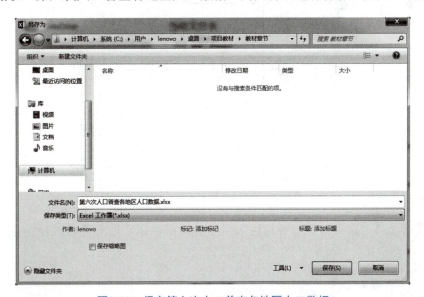

图2.13　保存第六次人口普查各地区人口数据

（3）处理第七次人口普查数据中各地区人口年龄构成数据

采用同样的方法处理第七次人口普查各地区人口年龄构成数据，处理结果如图2.14所示。

	A	B	C	D
1	地区	比重	（单位：%）	
2		0~14岁	15~59岁	60岁及以上
3				
4	全国	17.95	63.35	18.70
5	北京	11.84	68.53	19.63
6	天津	13.47	64.87	21.66
7	河北	20.22	59.92	19.85
8	山西	16.35	64.72	18.92
9	内蒙古	14.04	66.17	19.78
10	辽宁	11.12	63.16	25.72
11	吉林	11.71	65.23	23.06
12	黑龙江	10.32	66.46	23.22
13	上海	9.80	66.82	23.38
14	江苏	15.21	62.95	21.84
15	浙江	13.45	67.86	18.70
16	安徽	19.24	61.96	18.79
17	福建	19.32	64.70	15.98
18	江西	21.96	61.17	16.87
19	山东	18.78	60.32	20.90
20	河南	23.14	58.79	18.08
21	湖北	16.31	63.26	20.42
22	湖南	19.52	60.60	19.88
23	广东	18.85	68.80	12.35
24	广西	23.63	59.69	16.69
25	海南	19.97	65.38	14.65
26	重庆	15.91	62.22	21.87
27	四川	16.10	62.19	21.71
28	贵州	23.97	60.65	15.38
29	云南	19.57	65.52	14.91
30	西藏	24.53	66.95	8.52
31	陕西	17.33	63.46	19.20
32	甘肃	19.40	63.57	17.03
33	青海	20.81	67.04	12.14
34	宁夏	20.38	66.09	13.52
35	新疆	22.46	66.26	11.28

图2.14 处理后的各地区人口年龄构成数据

将表格以"第七次人口普查各地区人口年龄构成数据"为文件名进行保存，如图2.15所示。

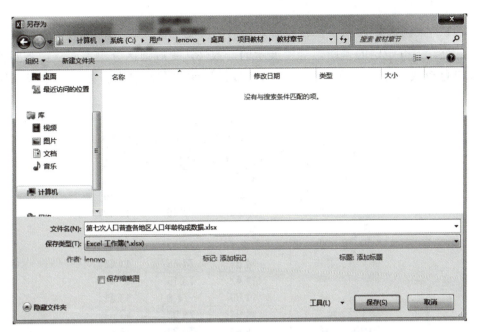

图2.15 保存第七次人口普查各地区人口年龄构成数据

（4）处理第六次人口普查数据中各地区人口年龄构成数据

进入官网，将"3-2 各地区人口年龄构成和抚养比(一)"的数据复制到Excel中，如图2.16所示。

	A	B	C	D	E	F	G	H	I	J	K
1	地区	人 数				占总人口比重			抚养比		
2		合计	0-14岁	15-59岁	60岁及以上	0-14岁	15-59岁	60岁及以上	总抚养比	少儿抚养比	老年抚养比
3	全国	1.333E+09	221322621	933893808	177594440	16.61	70.07	13.32	42.72	23.7	19.02
4	北京	19612368	1687437	15464823	2460108	8.6	78.85	12.54	26.82	10.91	15.91
5	天津	12938693	1267568	9986440	1684685	9.8	77.18	13.02	29.56	12.69	16.87
6	河北	71854210	12093038	50418906	9342266	16.83	70.17	13	42.51	23.99	18.53
7	山西	35712101	6106016	25488244	4117841	17.1	71.37	11.53	40.11	23.96	16.16
8	内蒙古	24706291	3476431	18393447	2836413	14.07	74.45	11.48	34.32	18.9	15.42
9	辽宁	43746323	4996977	31998594	6750752	11.42	73.15	15.43	36.71	15.62	21.1
10	吉林	27452815	3291515	20534752	3626548	11.99	74.8	13.21	33.69	16.03	17.66
11	黑龙江	38313991	4574441	28746935	4992615	11.94	75.03	13.03	33.28	15.91	17.37
12	上海	23019196	1982859	17566682	3469655	8.61	76.31	15.07	31.04	11.29	19.75
13	江苏	78660941	10233484	55852820	12574637	13.01	71	15.99	40.84	18.32	22.51
14	浙江	54426891	7189075	39679183	7558633	13.21	72.9	13.89	37.17	18.12	19.05
15	安徽	59500468	10576136	39992799	8931533	17.77	67.21	15.01	48.78	26.45	22.33
16	福建	36894217	5705698	26976131	4212388	15.47	73.12	11.42	36.77	21.15	15.62
17	江西	44567797	9762233	29706306	5099258	21.9	66.65	11.44	50.03	32.86	17.17
18	山东	95792719	15074209	66588024	14130461	15.74	69.51	14.75	43.86	22.64	21.22
19	河南	94029939	19747318	62314411	11968210	21	66.27	12.73	50.9	31.69	19.21
20	湖北	57237727	7963808	41299961	7973958	13.91	72.16	13.93	38.59	19.28	19.31
21	湖南	65700762	11576515	44568394	9555853	17.62	67.84	14.54	47.42	25.97	21.44
22	广东	104320459	17604030	76564038	10152391	16.87	73.39	9.73	36.25	22.99	13.26
23	广西	46023761	9990821	29996706	6036234	21.71	65.18	13.12	53.43	33.31	20.12
24	海南	8671485	1715763	5973896	982246	19.78	68.89	11.33	45.16	28.71	16.44
25	重庆	28846170	4903360	18918416	5024394	17	65.58	17.42	52.48	25.92	26.56
26	四川	80417528	13647123	53660496	13109909	16.97	66.73	16.3	49.86	25.43	24.43
27	贵州	34748556	8778242	21509042	4461272	25.26	61.9	12.84	61.55	40.81	20.74
28	云南	45966766	9526792	31354647	5085327	20.73	68.21	11.06	46.6	30.38	16.22
29	西藏	3002165	731684	2040116	230365	24.37	67.95	7.67	47.16	35.86	11.29
30	陕西	37327379	5489396	27041165	4796819	14.71	72.44	12.85	38.04	20.3	17.74
31	甘肃	25575263	4644135	17750270	3180858	18.16	69.4	12.44	44.08	26.16	17.92
32	青海	5626723	1177106	3917718	531899	20.92	69.63	9.45	43.62	30.05	13.58
33	宁夏	6301350	1348030	4344025	609295	21.39	68.94	9.67	45.06	31.03	14.03
34	新疆	21815815	4461802	15246396	2107617	20.45	69.89	9.66	43.09	29.26	13.82

图2.16 各地区人口年龄构成和抚养比原始数据

图2.16的数据更复杂，而且和前面处理后的"第七次人口普查各地区人口年龄构成数据"在统计上有一定的差距，为了展示的一致性，更好地区分出不同点，需要将"第六次人口普查数据中各地区人口年龄构成数据"参照图2.14进行处理。结果如图2.17所示。

	A	B	C	D
1	地　　区	占总人口比重		
2		0-14岁	15-59岁	60岁及以上
3	全　　国	16.61	70.07	13.32
4	北　京	8.6	78.85	12.54
5	天　津	9.8	77.18	13.02
6	河　北	16.83	70.17	13
7	山　西	17.1	71.37	11.53
8	内蒙古	14.07	74.45	11.48
9	辽　宁	11.42	73.15	15.43
10	吉　林	11.99	74.8	13.21
11	黑龙江	11.94	75.03	13.03
12	上　海	8.61	76.31	15.07
13	江　苏	13.01	71	15.99
14	浙　江	13.21	72.9	13.89
15	安　徽	17.77	67.21	15.01
16	福　建	15.47	73.12	11.42
17	江　西	21.9	66.65	11.44
18	山　东	15.74	69.51	14.75
19	河　南	21	66.27	12.73
20	湖　北	13.91	72.16	13.93
21	湖　南	17.62	67.84	14.54
22	广　东	16.87	73.39	9.73
23	广　西	21.71	65.18	13.12
24	海　南	19.78	68.89	11.33
25	重　庆	17	65.58	17.42
26	四　川	16.97	66.73	16.3
27	贵　州	25.26	61.9	12.84
28	云　南	20.73	68.21	11.06
29	西　藏	24.37	67.95	7.67
30	陕　西	14.71	72.44	12.85
31	甘　肃	18.16	69.4	12.44
32	青　海	20.92	69.63	9.45
33	宁　夏	21.39	68.94	9.67
34	新　疆	20.45	69.89	9.66

图2.17　处理后的各地区人口年龄构成数据

将表格以"第六次人口普查各地区人口年龄构成数据"为文件名进行保存，如图2.18所示。

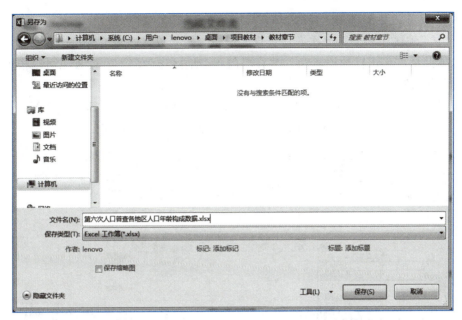

图2.18 保存第六次人口普查各地区人口年龄构成数据

至此，得到了第六次人口普查各地区人口数和人口年龄构成数据、第七次人口普查各地区人口数和人口年龄构成数据。这些数据为接下来的模块任务提供了基础。

项目实战

任务：创建复杂Excel可视化

任务描述

根据第六次人口普查各地区人口数和人口年龄构成数据能够看出，在31个省（自治区、直辖市）和新疆生产建设兵团中，人口超过1亿人的有1个，在5 000万人至1亿人之间的有9个，在1 000万人至5 000万人之间的有17个，少于1 000万人的有4个。在人口年龄构成数据中，15～59岁人口占比在65%以上的有30个，在60%～65%之间的有1个，60%以下的无。除西藏外，其他30个地区60岁及以上老年人口占比均超过10%。

在第七次人口普查各地区人口数和人口年龄构成数据的31个省（自治区、直辖市）和新疆生产建设兵团中，人口超过1亿人的有2个，在5 000万人至1亿人之间的有9个，在1 000万人至5 000万人之间的有17个，少于1 000万人的有3个。其中，人口居前五位的地区合计人口占全国人口的35.09%。15～59岁人口占比在65%以上的有13个，在60%～65%之间的有15个，在60%以下的有3个。除西藏外，其他30个地区60岁及以上老年人口占比均超过10%。

那么如何将以上数据通过Excel工具进行展示呢？

任务实施

首先处理"第七次人口普查各地区人口数据"，打开之前保存的Excel数据表格。

步骤1：制作雷达图

① 选中"地区"和"第七次人口普查人口数"两列数据，为了第二行的"全国"数据不影响总体演示，将该行数据删除，并且取前十个地区作为演示。读者也可以根据自己的需求选取不同的地区。

② 选中前十个地区的数据，然后选择"插入"→"图表"→"插入股价图、曲面图或雷达图"→"雷达图"→"带数据标记的雷达图"选项，如图2.19所示。

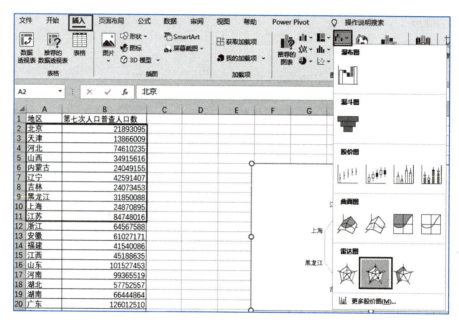

图2.19　插入雷达图

加载片刻后会出现图2.20所示图表。

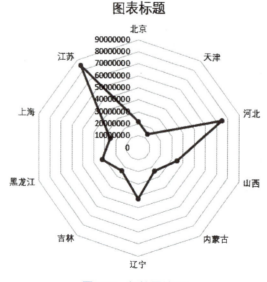

图2.20　初始雷达图

③ 对雷达图进行优化。首先添加标题"第七次人口普查十个地区人口数据",然后将"雷达轴(值)轴"删除,添加数据标签后出现图2.21所示效果。

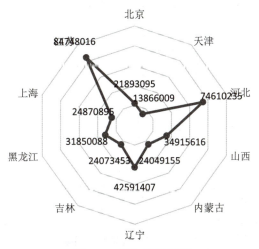

图2.21 添加数据标签

选中轴线,右击,在弹出的快捷菜单中选择"设置网格线格式"命令,打开"设置主要网格线格式"窗格,在"线条"选项区选择"实线"单选按钮,"颜色"选择蓝色,"宽度"选择"1.5磅",如图2.22所示。

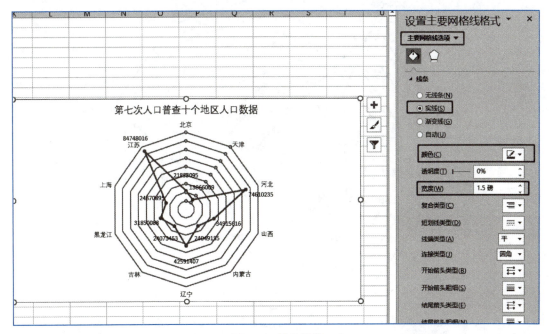

图2.22 轴线操作

选中数据标签,右击,在弹出的快捷菜单中选择"字体"命令,在打开的"字体"对话框中将数据标签设置为"红色"即可。

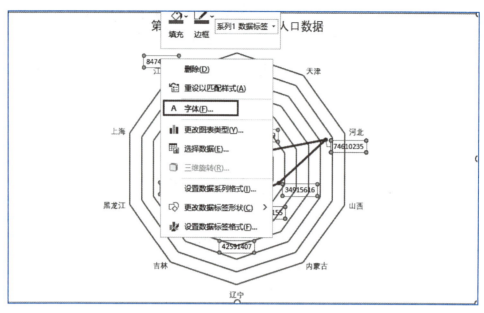

图2.23　数据标签字体设置

数据标签设置完毕后,效果如图2.24所示。

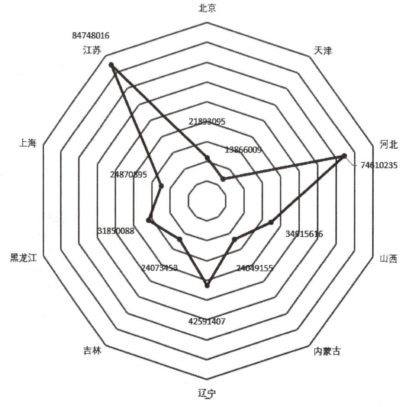

图2.24　数据标签设置效果

最后，调整标题字体和颜色，最终的雷达图效果如图2.25所示。

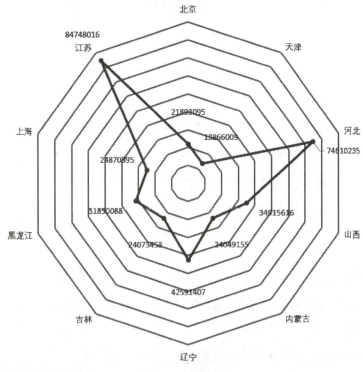

图2.25　雷达图

步骤2：制作对称条形图

① 首先打开Excel文件"第七次人口普查各地区人口年龄构成数据"，为了展示出更清晰的效果，取五个省份的数据，选中A1:D7单元格区域，选择"插入"→"图表"→"插入柱形图或条形图"→"二维条形图"→"簇状条形图"选项，如图2.26所示。

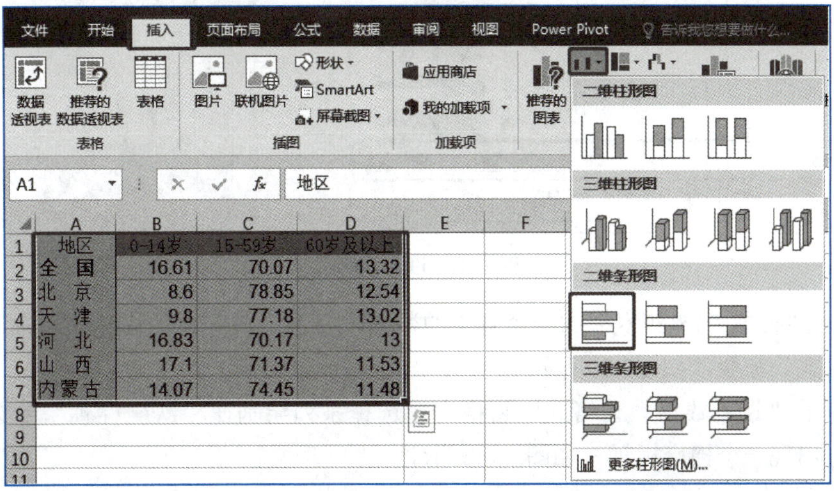

图2.26　选择"簇状条形图"

操作结果如图2.27所示。

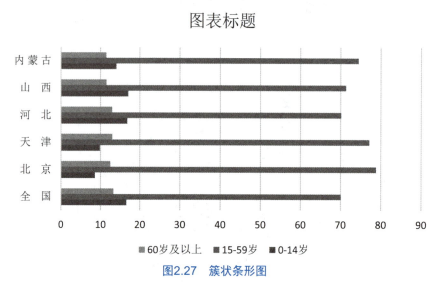

图2.27 簇状条形图

② 双击图表下方的坐标轴,打开"设置坐标轴格式"窗格,在"坐标轴选项"→"边界"中设置最小值和最大值分别为"−80"和"20",如图2.28所示,操作完成后单击右上角的"关闭"按钮。

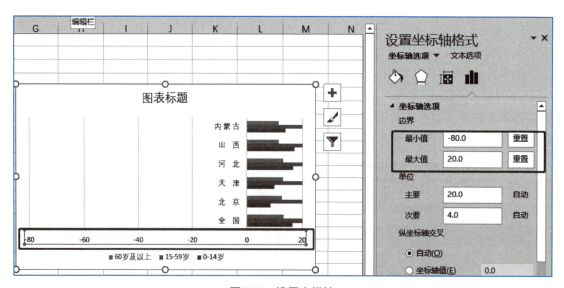

图2.28 设置坐标轴

③ 选中图表中"15-59岁"的一个省市的数据,右击,在弹出的快捷菜单中选择"设置数据系列格式"命令,如图2.29所示。

在打开的"设置数据系列格式"窗格中,选择系列绘制在"次坐标轴"单选按钮,图表标题下方出现一个横坐标轴,如图2.30所示。

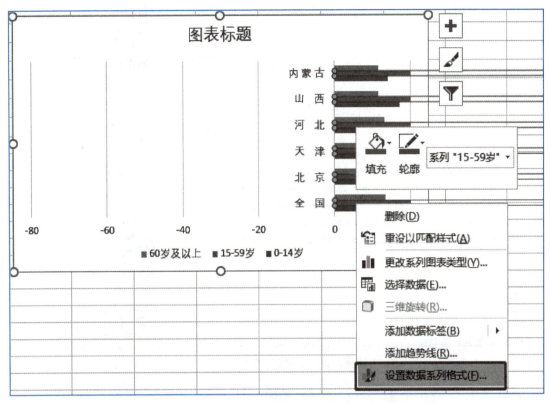

图2.29 设置数据系列格式

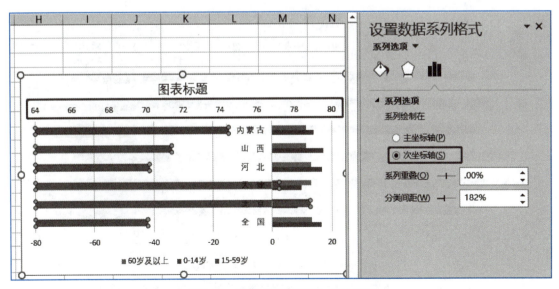

图2.30 选择"次坐标轴"单选按钮

④ 双击图2.30中的横坐标轴,打开"设置坐标轴格式"窗格,在"坐标轴选项"→"边

界"中设置"最小值"和"最大值"分别为"-25"和"70",然后选中"逆序刻度值"复选框,如图2.31所示。

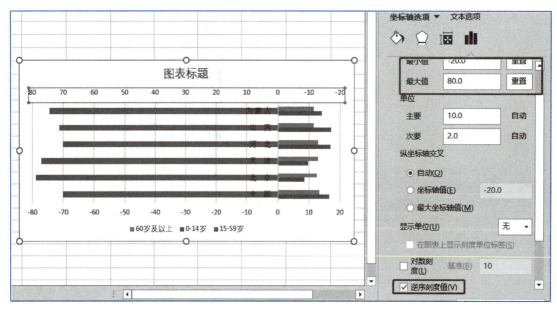

图2.31 设置另一个横坐标轴

这样对称条形图基本可以显示出来了,如图2.32所示。

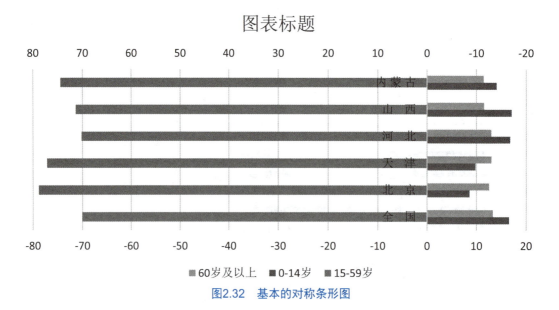

图2.32 基本的对称条形图

⑤ 但是图表中的坐标轴一半是负值不符合常理,接下来需要做一些调整。

a. 删除网格线。选中图表中的"网格线",右击,在弹出的快捷菜单中选择"设置网格线格式"命令,弹出"设置主要网格线格式"窗格,选择"无线条"单选按钮,操作和效果如图2.33所示。

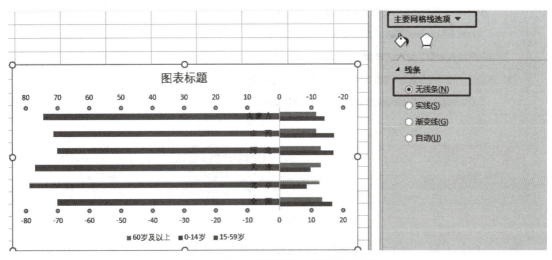

图2.33 删除"网格线"的操作和效果

b. 去掉上下坐标轴。选中上坐标轴,右击,在弹出的快捷菜单中选择"设置坐标轴格式"命令将"标签"中的"标签位置"设置为"无"。对下坐标轴进行同样的设置,操作和效果如图2.34所示。

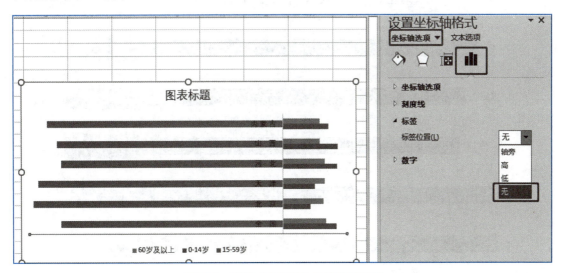

图2.34 删除"坐标轴"的操作和效果

c. 添加数据标签和标题。在纵坐标轴的左侧,右击图表,弹出图2.35所示的快捷菜单,选择"添加数据标签"子菜单中的"添加数据标签"命令。

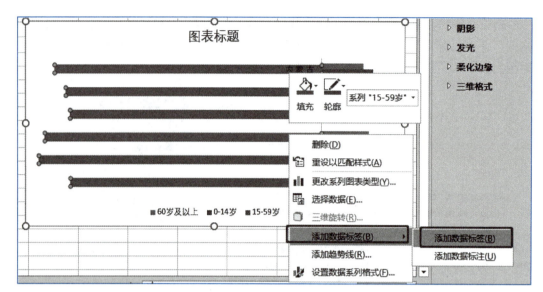

图2.35 "添加数据标签"命令

对纵坐标轴右侧的两个系列也进行图2.35所示操作。然后将"图表标题"修改为"第七次全国人口普查五个省份年龄构成",在图表右上角加上"单位:%"。

对称条形图的最终效果如图2.36所示。

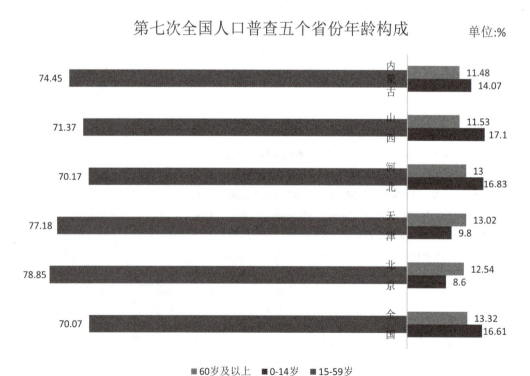

图2.36 对称条形图

项目巩固与提高

1. 注意事项

在前面的项目中已经学习了通过雷达图和对称条形图来做一些可视化效果,在实验过程中需要注意以下两点。

（1）删除默认值

在生成图表时,Excel会自动选择一些默认值,例如在雷达图中,系统默认的雷达轴的值明显会影响显示效果,所以需要先删除默认的雷达轴的值,如图2.37所示,然后添加数据标签。

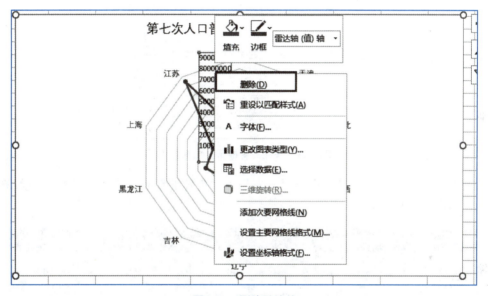

图2.37　删除默认值

（2）调整默认格式

在默认格式方面,不能用对错来衡量,应该用合适与否。默认格式是针对大多数情况下的格式,只不过可能在展示的时候并不美观,如在图2.36中,设置"添加数据标签"时,左右两边字体是默认的,但是由于右边有两个系列,就需要调整右边的标签字体,以达到更美观的展示效果。

2. 可视化展示扩展

以下对第六次和第七次各地区人口数据和各地区人口年龄构成数据进行联合可视化展示。

（1）各地区人口数据组合展示

首先将"第七次人口普查各地区人口数据"和"第六次人口普查各地区人口数据"进行合并,合并结果如图2.38所示。

地区	第七次人口普查人口数	第六次人口普查人口数
北京	21893095	19612368
天津	13866009	12938693
河北	74610235	71854210
山西	34915616	35712101
内蒙古	24049155	24706291
辽宁	42591407	43746323
吉林	24073453	27452815
黑龙江	31850088	38313991
上海	24870895	23019196
江苏	84748016	78660941
浙江	64567588	54426891
安徽	61027171	59500468
福建	41540086	36894217
江西	45188635	44567797
山东	101527453	95792719
河南	99365519	94029939
湖北	57752557	57237727
湖南	66444864	65700762
广东	126012510	104320459
广西	50126804	46023761
海南	10081232	8671485
重庆	32054159	28846170
四川	83674866	80417528
贵州	38562148	34748556
云南	47209277	45966766
西藏	3648100	3002165
陕西	39528999	37327379
甘肃	25019831	25575263
青海	5923957	5626723
宁夏	7202654	6301350
新疆	25852345	21815815

图2.38 合并"各地区人口数据"

然后选中数据,单击"插入"→"图表"→"推荐的图表"按钮,打开"插入图表"对话框,如图2.39所示。

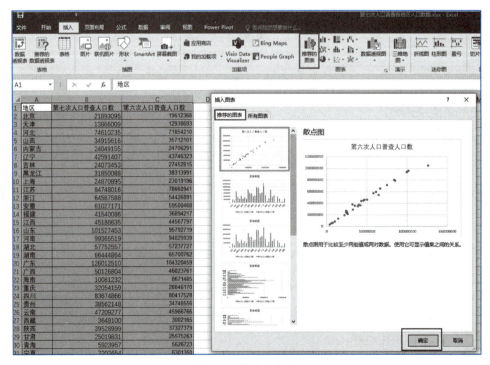

图2.39 推荐的图表

这时就可以根据数据的情况选择合适的数据展示效果，如果在推荐的图表里没有找到合适的，可以选择"所有图表"→"组合图"，将两次人口普查人口数的图表类型均设置为"带数据标记的折线图"，如图2.40所示。单击"确定"按钮，就可以将两组数据展示在一个图表中了。

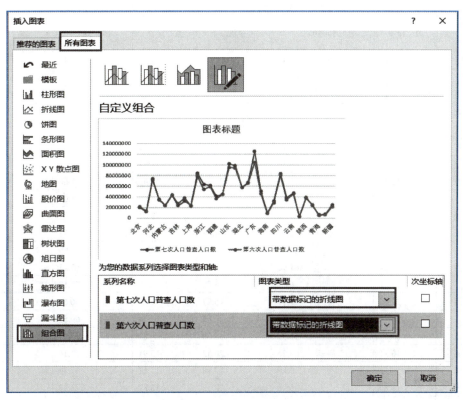

图2.40　选择图表类型

最后，为图表添加图表标题和单位，如图2.41所示。

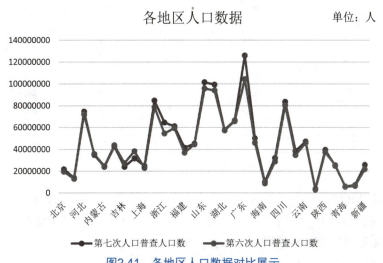

图2.41　各地区人口数据对比展示

（2）各地区人口年龄构成组合展示

同样的，将"第七次人口普查各地区人口年龄构成数据"和"第六次人口普查各地区人口年龄构成数据"进行合并，合并结果如图2.42所示。

地区	第七次人口普查各地区人口年龄构成			第七次人口普查各地区人口年龄构成		
	0~14岁	15~59岁	0岁及以上	0~14岁	15~59岁	0岁及以上
全　国	**17.95**	**63.35**	**18.7**	**16.61**	**70.07**	**13.32**
北　京	11.84	68.53	19.63	8.6	78.85	12.54
天　津	13.47	64.87	21.66	9.8	77.18	13.02
河　北	20.22	59.92	19.85	16.83	70.17	13
山　西	16.35	64.72	18.92	17.1	71.37	11.53
内蒙古	14.04	66.17	19.78	14.07	74.45	11.48
辽　宁	11.12	63.16	25.72	11.42	73.15	15.43
吉　林	11.71	65.23	23.06	11.99	74.8	13.21
黑龙江	10.32	66.46	23.22	11.94	75.03	13.03
上　海	9.8	66.82	23.38	8.61	76.31	15.07
江　苏	15.21	62.95	21.84	13.01	71	15.99
浙　江	13.45	67.86	18.7	13.21	72.9	13.89
安　徽	19.24	61.96	18.79	17.77	67.21	15.01
福　建	19.32	64.7	15.98	15.47	73.12	11.42
江　西	21.96	61.17	16.87	21.9	66.65	11.44
山　东	18.78	60.32	20.9	15.74	69.51	14.75
河　南	23.14	58.79	18.08	21	66.27	12.73
湖　北	16.31	63.26	20.42	13.91	72.16	13.93
湖　南	19.52	60.6	19.88	17.62	67.84	14.54
广　东	18.85	68.8	12.35	16.87	73.39	9.73
广　西	23.63	59.69	16.69	21.71	65.18	13.12
海　南	19.97	65.38	14.65	19.78	68.89	11.33
重　庆	15.91	62.22	21.87	17	65.58	17.42
四　川	16.1	62.19	21.71	16.97	66.73	16.3
贵　州	23.97	60.65	15.38	25.26	61.9	12.84
云　南	19.57	65.52	14.91	20.73	68.21	11.06
西　藏	24.53	66.95	8.52	24.37	67.95	7.67
陕　西	17.33	63.46	19.2	14.71	72.44	12.85
甘　肃	19.4	63.57	17.03	18.16	69.4	12.44
青　海	20.81	67.04	12.14	20.92	69.63	9.45
宁　夏	20.38	66.09	13.52	21.39	68.94	9.67
新　疆	22.46	66.26	1128	20.45	69.89	9.66

图2.42　合并"各地区人口年龄构成数据"

选中图2.42中数据，单击"插入"→"图表"→"推荐的图表"按钮，在打开的"插入图表"对话框中选择"所有图表"→"组合图"，在六种图表类型中选择"面积图""簇状柱形图""带数据标记的折线图"，如图2.43所示。

添加"图表标题"和"单位"后，如图2.44所示。

项目二 全国人口普查数据可视化进阶

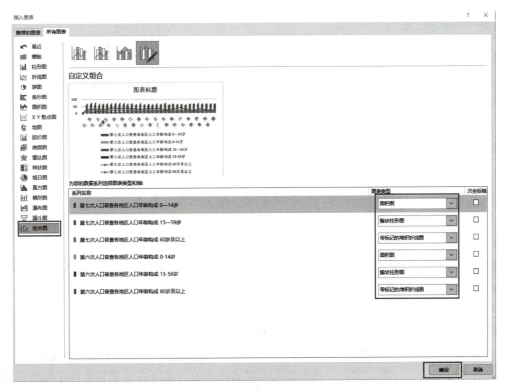

图2.43 选择图表类型

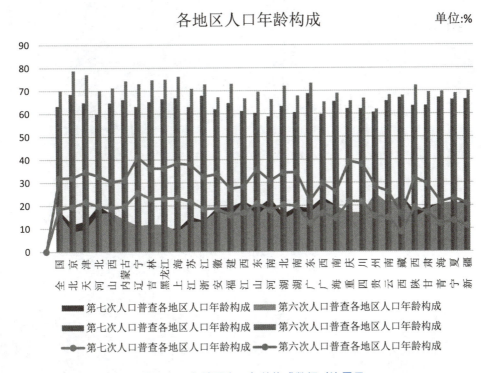

图2.44 各地区人口年龄构成数据对比展示

项目总结

1. 技术层面

① 以更加丰富的数据为基础，完成对"雷达图""对称条形图"的实验操作。

② 在扩展模块中，将四种数据中相同类型数据合并，进行了多样的展示，尤其在"各地区人口年龄构成数据"组合中，将"面积图""簇状柱形图""带数据标记的折线图"三个维度的数据进行合并与展示，这些可视化效果能够使数据更直观。

2. 数据层面

① 根据2010—2020年各省人口的全国占比可视化图可以看出：东三省人口占比下降最多，黑龙江在2010年人口占比为2.86%，在2020年下降到2.26%；广东人口占比上涨最多，在2010年人口占比为7.79%，在2020年人口占比达到8.93%，2020年人口数为1.2亿。

② 通过第六次、第七次人口普查的"各地区人口年龄构成"可视化图，可以看出0~14岁年龄段，这个年龄段是少年年龄段，占比最大的是西藏，然后是贵州、广西、河南。15~59岁年龄段：这个年龄段占比最大的是广东，然后是北京、浙江、青海。60岁及以上年龄段：这个年龄段占比最大的是辽宁，然后是上海、黑龙江、吉林。

③ 各省市的总人口数的增减能说明，人口向经济发达区域、城市群进一步集聚。而对比各省市人口年龄阶段分布，能看出我国少儿人口占比回升，生育政策调整取得了积极成效。

项目三　大学生就业数据可视化

项目导读

近年来，人才市场就业竞争越发激烈，大学生在毕业后就要面临职场的考验。通过2019届本科毕业生月收入的原始数据，利用可视化工具生成可视化图表，可观察不同专业类别的本科毕业生月收入的实际情况。

项目目标

知识目标	能力目标	职业素养
① 掌握Tableau工具的安装。 ② 理解原始数据变成Tableau数据源的过程。 ③ 掌握用Tableau工具创建简单的可视化图表。 ④ 掌握将图例数据按照一定条件进行筛选	① 学会Tableau工具的使用。 ② 能将原始数据变成简单可视化图表。 ③ 学会Tableau工具筛选器的功能	① 具有自主学习Tableau的能力。 ② 具有诚信、刻苦、严谨的工作态度

项目描述

即将大学毕业的小王最近陷入了毕业焦虑，他不知道毕业之后将何去何从，也不清楚如果参加工作能拿到多少月薪，为了做好就业和创业抉择，他通过网络看到了由中国高教管理数据与咨询公司麦可思发布的《2020年中国大学生就业报告》，其中涵盖了专业与职业的相关数据，小王想利用可视化工具更好地显示出其中一些数据。这时，Tableau工具进入了他的视野。

Tableau 是一家提供商业智能服务的软件公司，公司正式成立于 2004 年，总部位于美国华盛顿州西雅图市。最初研发 Tableau 的催化剂是美国国防部的一个项目，该项目要求进一步提高人们分析信息的能力。后来，该项目被移交给斯坦福大学，在克里斯·斯图尔特（Chris Stolte）博士和帕特·汉拉恩（Pat Hanrahan）的努力下，该项目得到了飞速的发展。克里斯·斯图尔特当时正致力于研究和分析关系型数据库以及数据立方体的可视化技术，而帕特·汉拉恩则是国际知名动漫公司Pixar 的创始人之一。他们二人联合克里斯蒂安·夏博（Christian Chabot）共同创建了如今的 Tableau 软件公司。

2011 年，Tableau 被美国高德纳（Gartner）咨询公司评为"全球发展速度最快的商业智能公司"；2012 年，Tableau 又被微软（Software）杂志评为 Software 500 强企业；2013—2020年，在 Gartner 分析和商业智能平台魔力象限报告中，Tableau 蝉联八年领先者。图3.1 所示为Gartner在2020年的分析和商业智能平台魔力象限。

图3.1　2020年分析和商业智能平台魔力象限

项目三　大学生就业数据可视化

知识链接

通过Tableau工具做出来的可视化效果，如图3.2和图3.3所示。

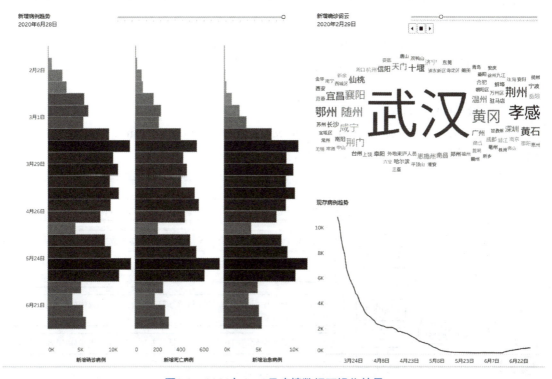

图3.2　2020年1～6月疫情数据可视化效果

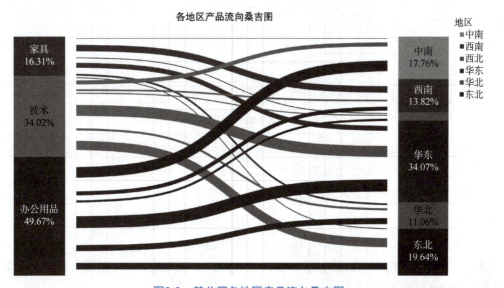

图3.3　某公司各地区产品流向桑吉图

1. Tableau简介

（1）Tableau的概念

Tableau是一个可视化数据分析平台，能够帮助人们查看并理解数据，快速分析、可视化并分享信息。Tableau程序很容易上手，用户可以利用它将大量数据拖放到数字"画布"上，数据转眼间就能转换为各种图表。不同于传统商业智能（BI）软件，Tableau是一款"轻"BI工具，用户可以使用Tableau探索不同的视图，甚至可以轻松地将多个数据库组合在一起。

（2）Tableau的产品

Tableau产品包括Tableau Desktop、Tableau Server、Tableau Online、Tableau Mobile、Tableau Public和 Tableau Reader，如图3.4所示。

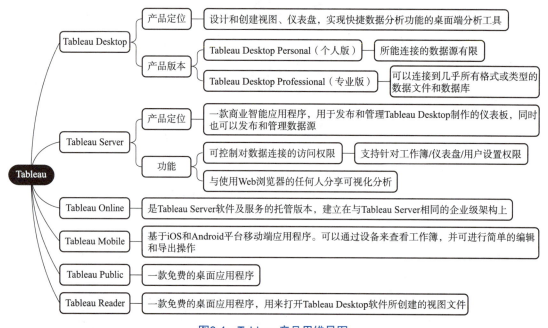

图3.4　Tableau产品思维导图

本书选择的是Tableau Public版本，与个人版或专业版相比，它无法连接所有的数据格式或者数据源，但是已经能够完成大部分的工作。另外也无法直接在本地保存工作簿，而是先保存到云端的公共工作簿中，后续仍然可以从云端下载。

2. Tableau安装

本书选择在Windows系统下安装Tableau Public版本。

首先打开Web浏览器，访问网址https://public.tableau.com/s/download，进入Tableau Public下载界面，如图3.5所示。

项目三 大学生就业数据可视化

图3.5　Tableau Public下载界面

在输入框内输入电子邮箱地址，单击"下载应用"按钮，系统就会自动下载Tableau Public安装程序，将安装文件保存到本地计算机，如图3.6所示。

图3.6　Tableau安装程序

双击安装程序"TableauPublicDesktop-64bit-2021-1-2.exe"，在打开的安装界面中勾选"我已阅读并接受本许可协议中的条款"复选框，单击"安装"按钮，如图3.7所示，进入TableauPublic安装向导。安装过程中使用默认的设置安装完成即可。

图3.7　Tableau Public安装界面

完成安装后，桌面出现Tableau Public图标，双击即可打开Tableau Public软件的主界面，如图3.8所示。

图3.8 Tableau Public软件主界面

项目实战

任务 创建简单Tableau可视化

任务描述

表3.1是本任务中需要在Tableau平台上展示的内容,数据来自《2020年中国大学生就业报告》(就业蓝皮书),计算机类、电子信息类、自动化类等专业本科毕业生薪资较高,2019届本科毕业生平均月收入分别为6 858元、6 145元、5 899元,本科计算机类领跑薪酬榜。

表3.1 2019届本科毕业生平均月收入前十名专业类数据统计

本科专业类名称	平均月收入/元
计算机类	6 858
电子信息类	6 145
自动化类	5 899
仪器类	5 856
电子商务类	5 745
金融学类	5 638
交通运输类	5 630
管理科学与工程类	5 625
数学类	5 576
财政学类	5 543

任务实施

步骤1：环境准备

打开 Tableau 后首先看到的是开始页，如图3.9所示。

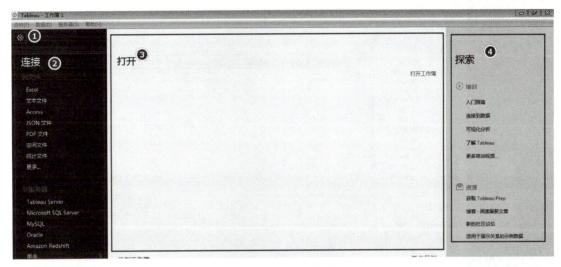

图3.9　Tableau开始页

开始页提供了多个可从中进行选择的选项，其对应功能见表3.2。

表3.2　开始页各选项的功能

序号	名　　称	功　　能
1	Tableau 图标	单击任何页面左上角的 ，可以在开始页面和制作工作区之间切换
2	连接	在"连接"下面，我们可以连接到存储在文件（如 Microsoft Excel、PDF、JSON、Access数据库，空间文件等）中的数据；连接到存储在服务器（如 Tableau Server、Microsoft SQL Server、Google Analytics 等）上的数据；连接到之前已连接到的数据源，Tableau 支持连接到存储在各个地方的各种数据。"连接"窗格列出了用户可能想要连接到的最常用的地址，也可单击"更多"超链接，以查看更多选项
3	打开	用来打开已经创建的工作簿
4	探索	用来查找其他资源，如视频教程、论坛，视频有最基础的入门视频

Tableau不是和Excel一样用来编辑数据的软件，其可视化处理的前提条件是已整理好的数据。所以，开始工作的第一步是连接到数据。

步骤2：连接数据源

① 在主页左侧导航栏单击"连接到文件"→"Microsoft Excel"。然后在弹出的窗口中选择"2019届本科毕业生月收入前十名专业类数据统计"Excel文档，单击"打开"按钮。为了提高展示的清晰度，这里选择前五名的专业为例，操作如图3.10所示。

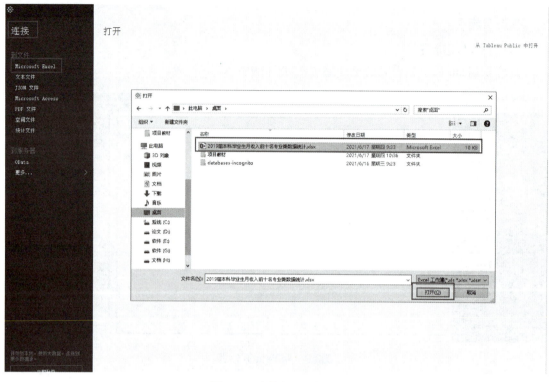

图3.10 连接数据源操作

如图3.11所示，整个窗口分为3个主要区域：左侧窗格、画布和网格。已导入文件显示在左侧窗格"连接"一栏中。

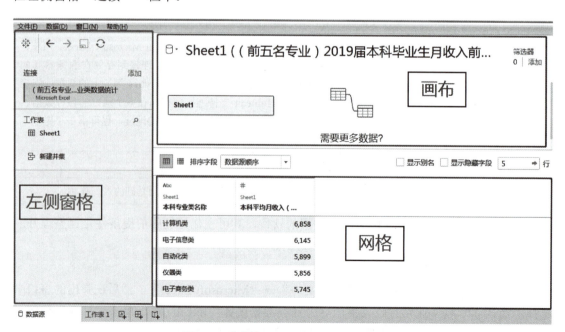

图3.11 左侧窗格、画布和网格示意图

a. 左侧窗格：显示连接的数据库、服务器和数据库中的表。

b. 画布：可以连接一个或多个数据集，如果使用多个数据源，将看到它们都列在此处。

c. 网格：可以查看数据源中的字段和前1 000行数据。还可以对数据源做一般的更改，如排序字段、显示隐藏字段、创建字段、显示别名等，如图3.12所示。

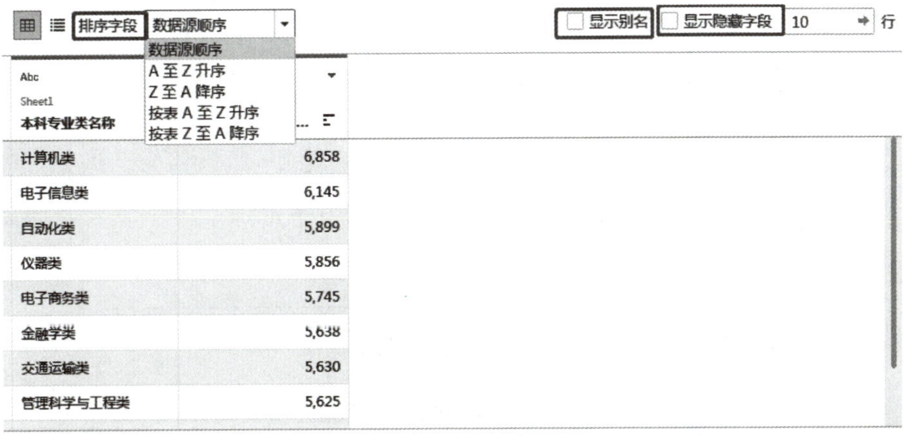

图3.12　网格示意图

② 如图3.13所示，在"数据源"栏中单击"工作表1"，即可显示2019届本科毕业生月收入数据。

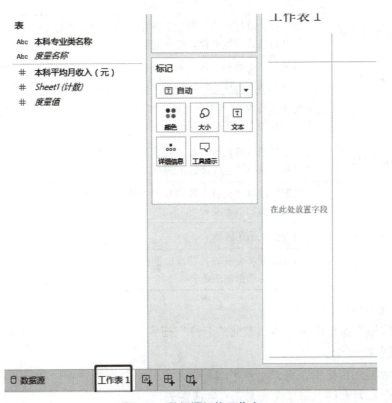

图3.13　数据源切换工作表

打开的工作表界面如图3.14所示,界面中各元素所对应的功能如表3.3所示。

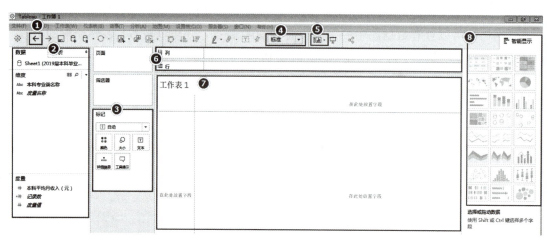

图3.14 工作表界面

表3.3 工作表各元素的功能

序号	元素名称	功 能
1	撤销	可以利用"撤销"按钮返回之前状态。使用此按钮可以撤销在工作表中执行的上一次操作。并且可以无限次撤销,恢复到上次打开工作簿时的状态,即使是在保存工作之后也可以
2	"数据"窗格	显示作为维度或度量包括在视图和可用字段中的数据源的名称。字段可以基于其所属表或按文件夹进行分组
3	"标记"功能区	将字段从"数据"窗格拖到"标记"卡时,可以按类型、颜色、大小、形状等控制视觉属性。并且此操作只影响视图中的标记;轴不会发生更改
4	视图大小	包括"标准""适合宽度""适合高度""整个视图"选项,通常选择"整个视图",将要显示的图例平铺在图表显示区
5	显示/隐藏卡	若要显示或隐藏卡,如"页面""筛选器"或"图例",可单击工具栏上"显示/隐藏卡" 按钮上的下拉按钮,并清除或启用卡复选标记
6	"行列"功能区	当把字段从"数据"窗格拖到"列"或"行"功能区时,会在视图中的轴上将数据添加为行或列
7	显示区	图例会显示在区域
8	智能推荐	如果数据符合智能推荐里的图例,图例会变亮,单击后会自动生成图例,不符合的话图例是灰色的

③ 操作功能区,如图3.15所示。

a. 从"数据"窗格中将"本科专业类名称"拖到"列"功能区,Tableau 会在数据集中为每个专业创建一个列。

b. 从"数据"窗格中,将"本科平均月收入(元)"拖到"行"功能区。Tableau 会使用累计(聚合)为本科平均月收入(元)生成图表。

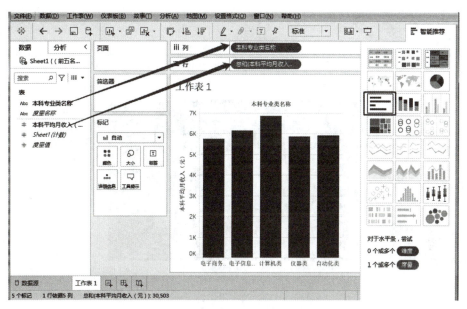

图3.15　操作行列功能区

首次创建包括时间（在本例中为"订单日期"）的视图时，Tableau 都会生成一个柱状图。此柱状图表明不同专业类别收入的差别，并且可以按照柱子的高低为专业收入排序。

步骤3：制作气泡图

单击右边"智能推荐"栏目中的"气泡图"，出现气泡图效果，将鼠标指针放在任意专业类别上时会有提示，如图3.16所示。

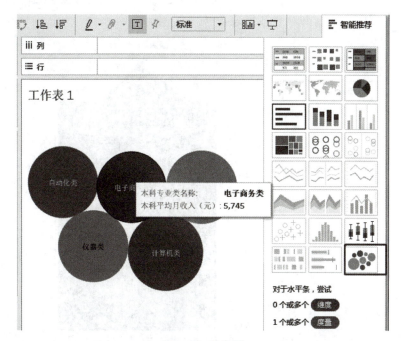

图3.16　气泡图

此处还可以设置左侧栏的"标记"和"颜色",本例选择"方形"和默认颜色,如图3.17所示。

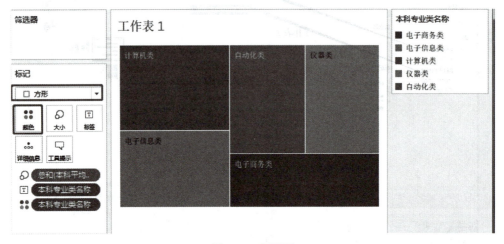

图3.17　方形图

步骤4:制作区域图

同样的方法,当重新选择左侧栏"标记"中的"区域图",会出现面积图的效果,如图3.18所示。

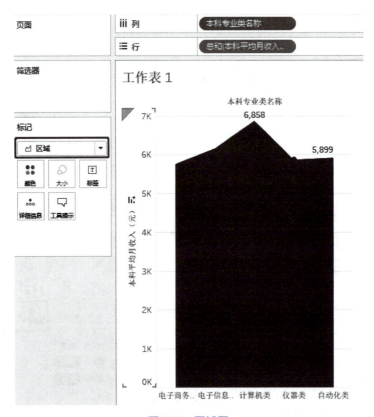

图3.18　区域图

步骤5：制作饼图

当在"标记"里选择"饼图"时，会出现图3.19所示效果。

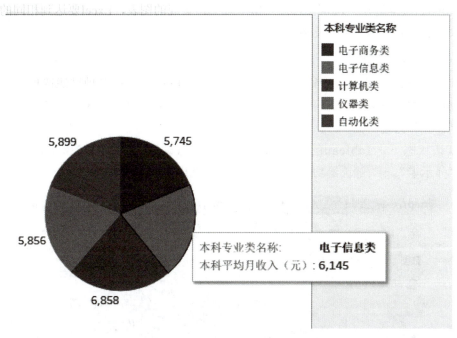

图3.19 饼图

项目巩固与提高

1. 注意事项

在前面的项目中已经学习掌握了通过Excel来构建不同的可视化图例，在本项目中使用Tableau工具进行了可视化，可能读者会有这样的疑问，既然Excel也能实现上面的可视化展示，那么与Tableau相比有什么区别呢？表3.4简要地展示了这两者的异同。

表3.4 Excel和Tableau之间的区别

异同	Excel	Tableau
不同点	Excel是静态数据的结构模式，无法展示动态数据。所以大多数人会利用Excel与PPT结合，通过PPT进行更加丰富的表达	Tableau数据可视化分析产品，能够连接数据库，呈现动态的数据变化，更加直观地进行数据分析和可视化呈现
相同点	功能上：Excel与Tableau都是数据分析软件，它们可以将一系列的数据生成交叉表、各种图形（直方图、条形图、饼图等）等来揭示业务的实质。 操作上： Excel的数据透视表与Tableau生成图表的方式非常相像，都可以直接用鼠标来选择行、列标签，生成各种不同的图形图表	

其实二者之间的区别远不止这些,从本质上来说Excel只是一种电子表格,而Tableau的功能相对而言更加丰富,如记录数据、制作报表、画图,甚至游戏。在可视化数据方面,Tableau比Excel做得更好。Tableau可以一键生成一份美观的图表,Excel要达到相同的效果可能要花大量的时间来调整颜色及字体等。

2. 可视化展示扩展

任何数据分析和可视化工作都会涉及数据过滤。Tableau有很多种过滤选项来满足这些需求,其中许多内置函数可用于对使用维度和度量的记录应用过滤器。度量的过滤器选项提供数字计算和比较。

在默认状态下,Tableau的"筛选器"卡片是隐藏的。如图3.20所示,选中"工作表"→"显示卡"→"筛选器功能区"复选框,可调出"筛选器"。

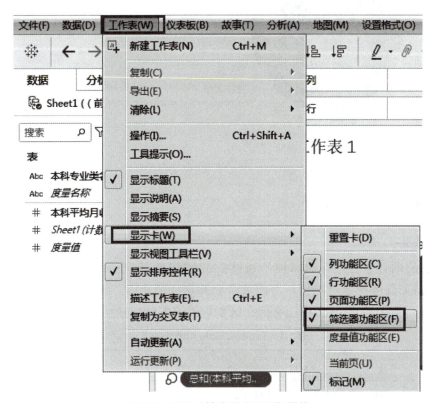

图3.20 调出"筛选器功能区"操作

接下来,对"本科专业类名称"进行筛选,将"本科专业类名称"拖到筛选器中,弹出选项框,使用默认设置,单击"确定"按钮,如图3.21所示。

在进行以上操作后,功能区依然没有显示要筛选的类别,就需要在"筛选器"功能区选择"显示筛选器",在右侧栏即会看到对于"本科专业类名称"的筛选。如图3.22所示。

项目三 大学生就业数据可视化

图3.21 拖动数据至筛选器功能区

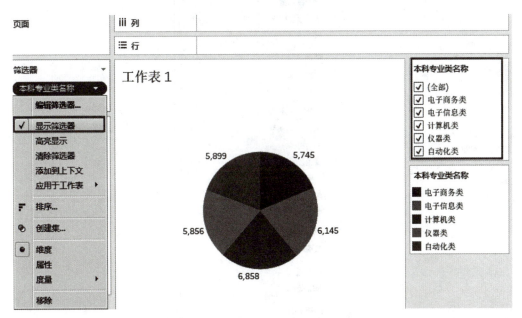

图3.22 显示筛选器

现在可以通过筛选器控制饼图不同专业类别的显示，当取消前两个专业类别的复选框，会发现饼图少了这两个专业类别，如图3.23所示。

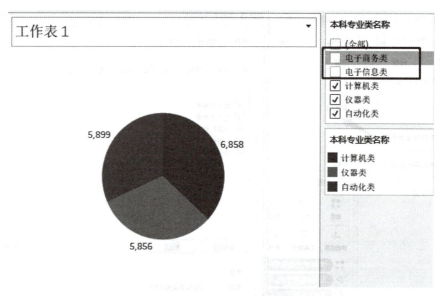

图3.23 去掉前两类专业类别

如果想关注月收入大于5 800元的专业类别,可单击专业类别筛选器右侧的下拉按钮,在打开的下拉列表中选择"编辑筛选器",如图3.24所示。

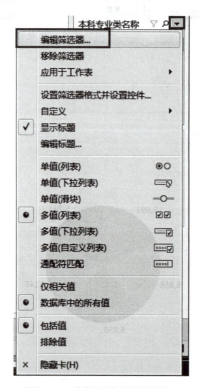

图3.24 选择"编辑筛选器"

在弹出的"筛选器"对话框中选择"条件"选项卡中的"按字段"单选按钮,将筛选条件设置为">5 800",单击"确定"按钮,如图3.25所示。

项目三 大学生就业数据可视化

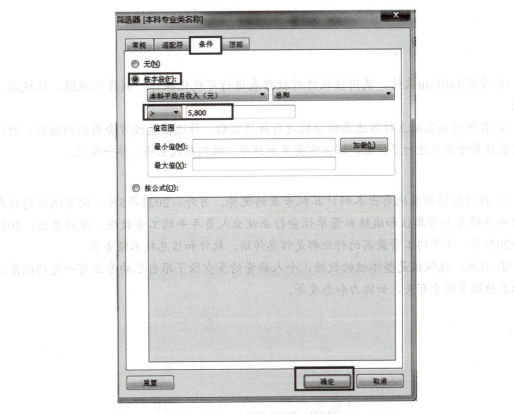

图3.25 "筛选器"对话框

结果如图3.26所示,只有"电子信息类""计算机类""仪器类""自动化类"符合月收入大于5 800元。

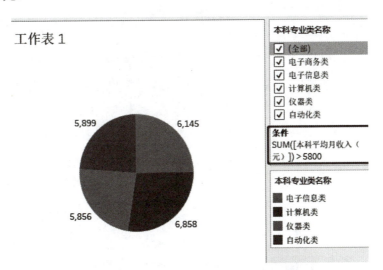

图3.26 筛选月收入大于5 800元的专业结果

当数据维度足够多时,可以利用Tableau工具的筛选功能进行更多的筛选显示操作。

项目总结

1. 技术层面

① 安装Tableau软件，使用该软件对数据表进行可视化操作，制作气泡图、区域图、饼图。

② 在饼图的基础上对筛选器的功能进行操作实验，筛选器是经常会用到的功能，所以在扩展任务中重点进行了讲解，课下需要多加练习，做到熟能生巧、举一反三。

2. 数据层面

① 我们能很明显地看出本科计算机专业的优势。另外，2021年5月，国家统计局公布2021年城镇非私营单位和城镇私营单位分行业就业人员年平均工资数据。统计显示：2020年和2021年，年平均工资最高的行业都是信息传输、软件和信息技术服务业。

② 当然，这仅仅是整体性的数据，个人薪资的多少除了跟自己的专业有一定的联系，还跟其他很多因素有关，如能力和态度等。

项目四 大学生就业数据可视化进阶

项目导读

在本项目中仍然处理大学生就业数据,与项目三相比,本次处理的数据会更复杂,数据类型会更加多样化。大家学完进阶课程,以后通过Tableau工具处理复杂数据能够更加游刃有余。本项目的数据源来自中国人民大学中国就业研究所与智联招聘发布的《2020年大学生就业力报告》,该报告的调查对象主要是高校毕业生,并且覆盖范围广,还有部分留学生样本,具有一定的代表性。在本项目将以"不同学历就业去向"数据和"毕业生期望就业城市排名"数据为例,利用Tableau生成更为复杂多样的可视化图表,通过这些图表的展示可以更全面地了解大学生就业的数据情况。

项目目标

知识目标	能力目标	职业素养
① 掌握利用Tableau工具创建复杂的可视化图表。 ② 掌握对Tableau工具迭代优化的技巧	① 会使用Tableau工具展示并排条图。 ② 会使用Tableau工具展示堆叠柱形图。 ③ 会使用Tableau工具将折线图和柱形图进行结合	① 具有自主学习的能力。 ② 具有创新能力。 ③ 具有诚信、专研、严谨的工作态度

项目描述

2020年这个毕业季注定非比寻常,我国高校毕业生创下874万人新高,同比增加40万人。我们该如何研判大学生就业的总体形势?中国人民大学中国就业研究所与智联招聘发布《2020年大学生就业力报告》，如图4.1所示。该报告利用网络招聘平台大数据和问卷调查数据，分析了2020年高校毕业生就业市场景气度（CIER指数），以及不同行业、不同职业、不同地区、不同规模和性质的就业市场结构现状和表现。分析显示，2020年应届毕业生就业市场弱于中国整体就业市场；结构性矛盾是当前大学生就业市场的突出特点。受疫情影响，毕业生的行业、岗位、工作地点发生变化；就业单位是毕业生主要去向，新经济产业受青睐，薪酬福利、职业发展和工作生活平衡是就业的主要因素。

通过"不同学历就业去向"的数据可以看出不同学历学生就业去向差异明显。通过"毕业生期望就业城市排名"数据可以看出一线、新一线以及部分省会城市成为毕业生的首选地。

以上提到的数据是两种不同类型和格式的数据，需要对数据进行准备和处理后再进行描述，本项目将讲解如何通过Tableau工具对多维数据进行复杂展示。

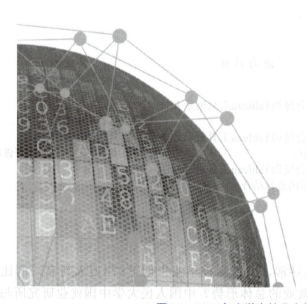

图4.1　2020年大学生就业力报告

知识链接

在项目三中,展示了简单的Tableau可视化效果,图4.2和4.3所示为比较复杂的Tableau可视化效果。图4.2展示的是并排条图"不同学历就业去向",图4.3展示的是"期望就业城市排行"。

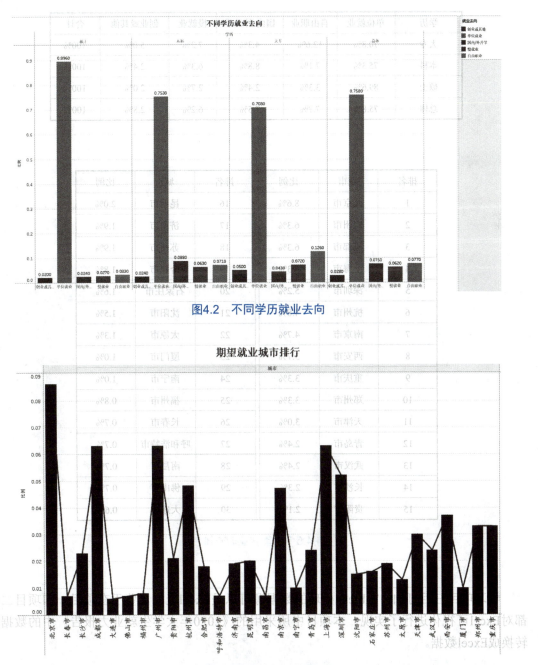

图4.2 不同学历就业去向

图4.3 期望就业城市排行

可见其比之前的简单图表的内容更加丰富,形式也更加多样。

1. 数据准备

2020年4月22日,中国人民大学中国就业研究所联合智联招聘发布《2020年大学生就业力报告》。本任务的数据摘自报告中的原始数据:"不同学历就业去向"的数据摘自报告第14页,如图4.4所示。"期望就业城市排名"的数据摘自报告第15页,如图4.5所示。

学历	单位就业	自由职业	国内/外升学	慢就业	创业或其他	合计
大专	70.8%	12.6%	4.3%	7.2%	5.0%	100%
本科	75.3%	7.1%	8.8%	6.3%	2.4%	100%
硕士	89.6%	3.3%	2.4%	2.7%	2.0%	100%
总体	75.8%	7.7%	7.5%	6.2%	2.8%	100%

图4.4 不同学历就业去向

排名	城市	比例	排名	城市	比例
1	北京市	8.6%	16	昆明市	2.0%
2	广州市	6.3%	17	济南市	1.9%
3	成都市	6.3%	18	苏州市	1.9%
4	上海市	6.3%	19	合肥市	1.8%
5	深圳市	5.2%	20	石家庄市	1.6%
6	杭州市	4.8%	21	沈阳市	1.5%
7	南京市	4.7%	22	太原市	1.3%
8	西安市	3.7%	23	厦门市	1.0%
9	重庆市	3.3%	24	南宁市	1.0%
10	郑州市	3.3%	25	福州市	0.8%
11	天津市	3.0%	26	长春市	0.7%
12	青岛市	2.4%	27	呼和浩特市	0.7%
13	武汉市	2.4%	28	南昌市	0.7%
14	长沙市	2.3%	29	佛山市	0.7%
15	贵阳市	2.1%	30	大连市	0.6%

图4.5 期望就业城市排名

2. 数据处理

学习项目三后可知,Tableau处理的数据源可以是Excel表格,鉴于在项目一和项目二中都对Excel可视化进行了实现,本项目中所采用的《2020年大学生就业力报告》中的数据仍转换成Excel数据。

(1)"不同学历就业去向"数据

先将图4.4中的数据复制到Excel表格中,如图4.6所示。

	A	B	C	D	E	F	G
1	学历	单位就业	自由职业	国内/外升学	慢就业	创业或其他	合计
2	大专	70.80%	12.60%	4.30%	7.20%	5.00%	100%
3	本科	75.30%	7.10%	8.80%	6.30%	2.40%	100%
4	硕士	89.60%	3.30%	2.40%	2.70%	2.00%	100%
5	总体	75.80%	7.70%	7.50%	6.20%	2.80%	100%

图4.6 复制"不同学历就业去向"数据到Excel表格中

在"不同学历就业去向"数据中,第G列的"合计"字段所对应每一行的占比之和都是100%,无太大意义,所以删除G列,处理后的数据如图4.7所示。

	A	B	C	D	E	F
1	学历	单位就业	自由职业	国内/外升学	慢就业	创业或其他
2	大专	70.80%	12.60%	4.30%	7.20%	5.00%
3	本科	75.30%	7.10%	8.80%	6.30%	2.40%
4	硕士	89.60%	3.30%	2.40%	2.70%	2.00%
5	总体	75.80%	7.70%	7.50%	6.20%	2.80%

图4.7 删除G列

将此表格以"不同学历就业去向"为文件名进行保存,如图4.8所示。

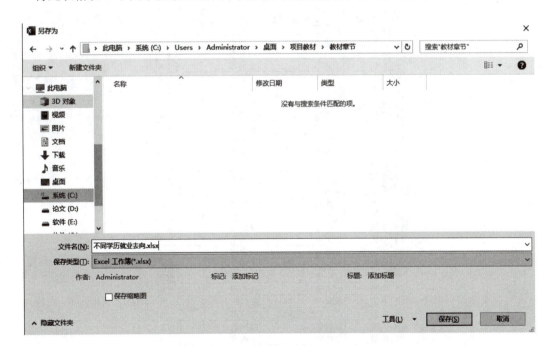

图4.8 保存"不同学历就业去向"表格

(2)"期望就业城市排名"数据

同样的将图4.5中的数据复制到一个空白Excel表格中,如图4.9所示。

排名	城市	比例	排名	城市	比例
1	北京市	8.60%	16	昆明市	2%
2	广州市	6.30%	17	济南市	1.90%
3	成都市	6.30%	18	苏州市	1.90%
4	上海市	6.30%	19	合肥市	1.80%
5	深圳市	5.20%	20	石家庄市	1.60%
6	杭州市	4.80%	21	沈阳市	1.50%
7	南京市	4.70%	22	太原市	1.30%
8	西安市	3.70%	23	厦门市	1%
9	重庆市	3.30%	24	南宁市	1%
10	郑州市	3.30%	25	福州市	0.80%
11	天津市	3%	26	长春市	0.70%
12	青岛市	2.40%	27	呼和浩特市	0.70%
13	武汉市	2.40%	28	南昌市	0.70%
14	长沙市	2.30%	29	佛山市	0.70%
15	贵阳市	2.10%	30	大连市	0.60%

图4.9 复制"期望就业城市排名"数据到Excel表格中

在图4.9的数据中，将右边栏的排名16～30的数据，即D2:F16单元格区域，剪贴到左边栏的15名之后。由于排名也可以根据比例看出，所以删除"排名"列，因为Tableau有些版本不能识别城市对应的国家，所以需要增加"国家""省/自治区/直辖市"两列，处理后的数据如图4.10所示。

国家	省/自治区/直辖市	城市	比例
中国	北京市	北京市	8.60%
中国	广东省	广州市	6.30%
中国	四川省	成都市	6.30%
中国	上海市	上海市	6.30%
中国	广东省	深圳市	5.20%
中国	浙江省	杭州市	4.80%
中国	江苏省	南京市	4.70%
中国	陕西省	西安市	3.70%
中国	重庆市	重庆市	3.30%
中国	河南省	郑州市	3.30%
中国	天津市	天津市	3%
中国	山东省	青岛市	2.40%
中国	湖北省	武汉市	2.40%
中国	湖南省	长沙市	2.30%
中国	贵州省	贵阳市	2.10%
中国	云南省	昆明市	2%
中国	山东省	济南市	1.90%
中国	江苏省	苏州市	1.90%
中国	安徽省	合肥市	1.80%
中国	河北省	石家庄市	1.60%
中国	辽宁省	沈阳市	1.50%
中国	山西省	太原市	1.30%
中国	福建省	厦门市	1%
中国	广西壮族自治区	南宁市	1%
中国	福建省	福州市	0.80%
中国	吉林省	长春市	0.70%
中国	内蒙古自治区	呼和浩特市	0.70%
中国	江西省	南昌市	0.70%
中国	广东省	佛山市	0.70%
中国	辽宁省	大连市	0.60%

图4.10 处理后的"期望就业城市排名"数据

将表格以"期望就业城市排名"为文件名进行保存,如图4.11所示。

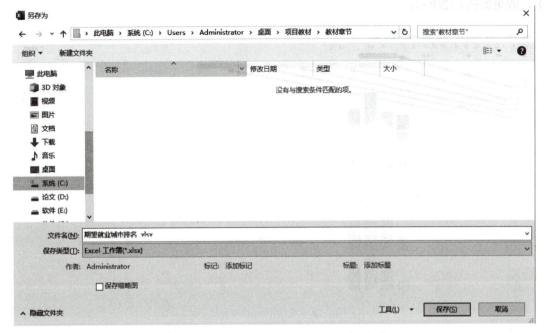

图4.11　保存"期望就业城市排名"表格

以上得到的"不同学历就业去向"数据、"期望就业城市排名"数据将为接下来的任务提供支撑。

项目实战

任务　创建复杂Tableau可视化

任务描述

通过"不同学历就业去向"数据可以得出,选择"单位就业"的比例最高,为75.8%;其次,为"自由职业"和"国内/外升学",所占比例分别为7.7%和7.5%;而选择"创业或其他"的毕业生比例最低,仅占2.8%;另外,还有一部分学生选择"拟考研""拟出国""暂不就业"等形式的慢就业,比例为6.2%。

通过"期望就业城市排名"数据可以了解到期望去北京、广州、成都、上海、深圳、杭州、南京、西安、重庆、郑州等城市就业的学生比例最高,另外,一些二线城市(如石家庄、沈阳、太原、南宁、长春、呼和浩特)的比例也紧随其后。

以下将介绍如何利用上述数据通过Tableau工具进行展示。

任务实施

本任务以"不同学历就业去向"数据为例进行展示。

步骤1:制作并排条

导入"不同学历就业去向"数据,打开"工作表1",将"学历"拖动到"列",将

"创业或其他""单位就业""国内/外升学""慢就业""自由职业"依次拖动到"行"中,效果如图4.12所示。

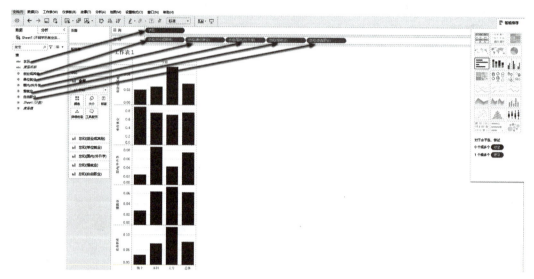

图4.12　拖动不同的表元素

但是这种多分散的柱形图不符合横纵向对比的需求,所以单击右侧栏"智能推荐"列表中的"并排条",出现图4.13所示的并排条初始效果。

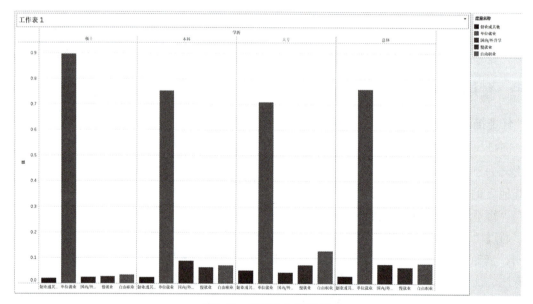

图4.13　并排条初始效果

为了达到更好的显示效果,将纵坐标的标题修改为"比例"。双击纵坐标轴,打开"编辑轴"对话框,在"常规"选项卡"轴标题"选项区域中设置"标题"为"比例",如图4.14所示。

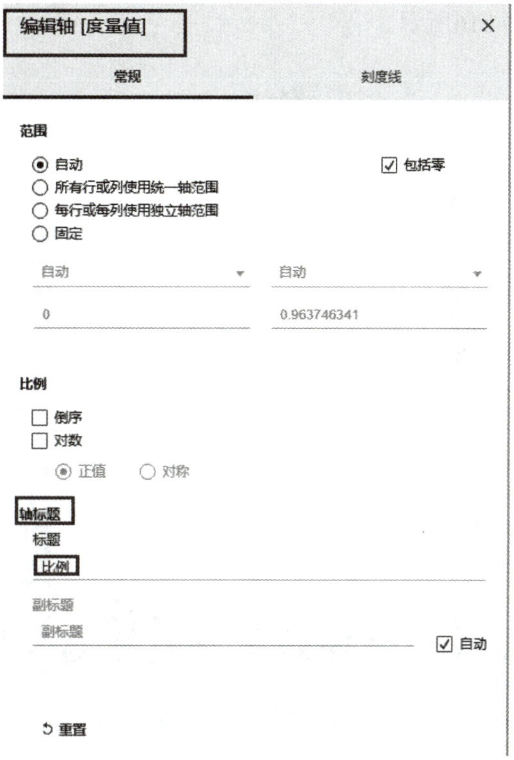

项目四 大学生就业数据可视化进阶

图4.14 "编辑轴"对话框

然后修改图表标题为"不同学历就业去向"。在左侧标记栏目中，单击"标签"按钮，在弹出的对话框中选中"显示标记标签"复选框，如图4.15所示。

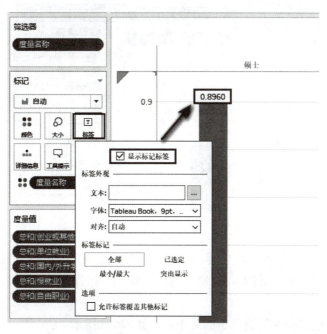

图4.15 "显示标记标签"复选框

最终并排条效果如图4.16所示。

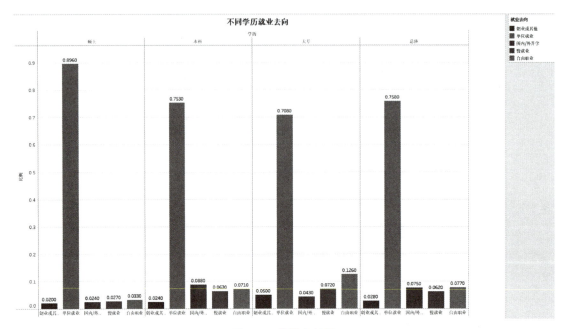

图4.16　并排条效果

步骤2：制作堆叠柱形图

在并排条的基础上制作堆叠柱形图，移除"列"中的"度量名称"，操作如图4.17所示。出现图4.18所示的堆叠柱形图效果。

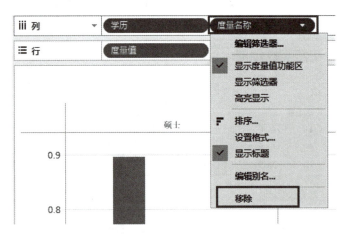

图4.17　移除"度量名称"

对图4.18进行优化，修改横轴坐标的字体，然后增加纵轴的值，并将堆叠柱形图中的值显示为百分比，全选图表，右击，在弹出的快捷菜单中选择"标记标签"→"始终显示"命令，如图4.19所示。

此时发现堆叠柱形图中的值显示的是小数，如图4.20所示。

项目四 大学生就业数据可视化进阶

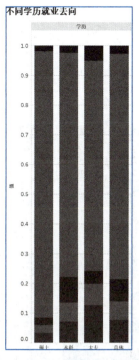

图4.18 初始堆叠柱形图效果

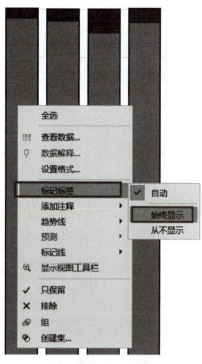

图4.19 显示标记标签

选中图表，右击，在弹出的快捷菜单中选择"设置格式"命令，将弹出的对话框左侧"轴"区域中的"数字"改为"百分比"，如图4.21所示。

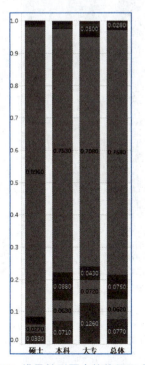

图4.20 堆叠柱形图中的值显示小数

图4.21 将轴的"数字"设置为"百分比"

操作完毕后，轴的值就以百分比的形式显示。接下来同样地选择"区"，也将"数字"设置为"百分比"，如图4.22所示。

设置后的效果如图4.23所示。

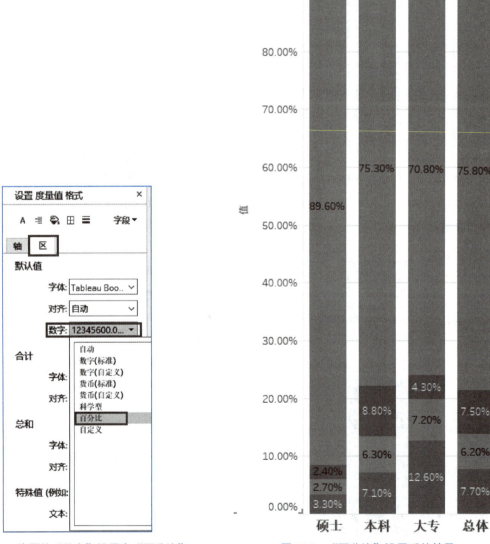

图4.22　将区的"数字"设置为"百分比"　　　　图4.23　"百分比"设置后的效果

最后将右上角图例的标题改为"就业去向"，堆叠柱形图呈现出的效果如图4.24所示。

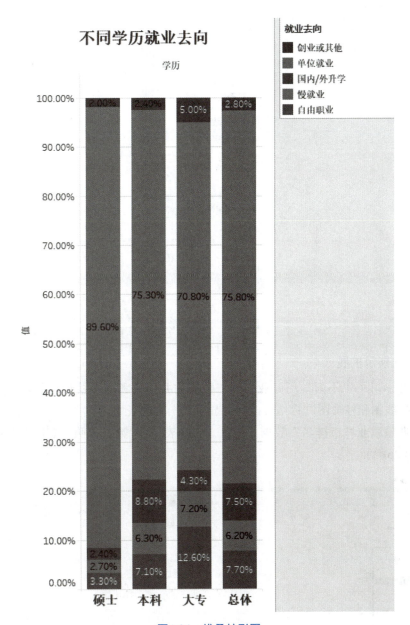

图4.24　堆叠柱形图

项目巩固与提高

1. 注意事项

本项目介绍了通过Tableau工具制作并排条和堆叠柱形图可视化效果，在实验过程中需要注意：修改堆叠柱形图中的值或者轴值的百分比时，要首先选中所需修改的元素，例如修改堆叠柱形图中的值，需要全选柱形图，可以通过【Ctrl+A】组合键，或者右击，在弹出的快捷菜单中选择"全选"命令，如图4.25所示，这里千万不要混淆元素设置。

图4.25 全选柱形图

2．可视化展示扩展

前面已经学习了"不同学历就业去向"数据的并排条和堆叠柱形图展示，在接下来的任务中，将折线图和柱形图进行结合，共同显示在一个图表中。

导入"期望就业城市排名"数据，进入"工作表1"，数据按照一定的分类展示在界面左栏，如图4.26所示。

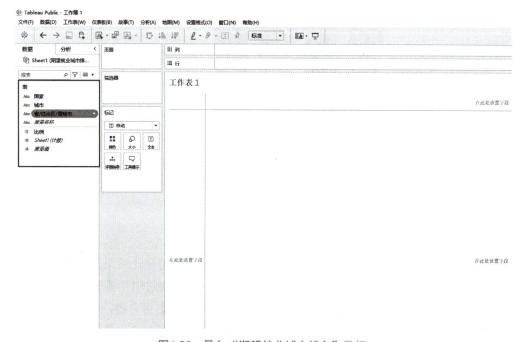

图4.26 导入"期望就业城市排名"数据

首先按项目三中的步骤制作出柱形图，效果如图4.27所示。

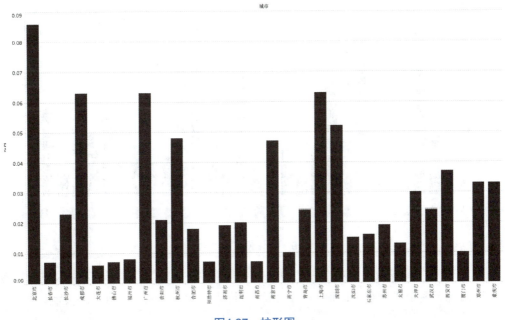

图4.27　柱形图

因为城市较多，在横轴上显示城市名字不清晰，所以需要设置横轴城市的字体，选中某个城市，右击，在弹出的快捷菜单中选择"设置格式"命令，如图4.28所示。

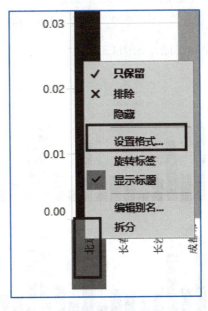

图4.28　设置字体

效果如图4.29所示。

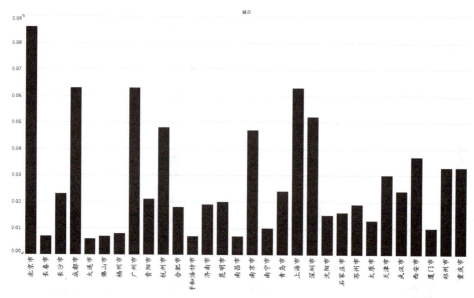

图4.29 字体设置后的效果

为了出现两个图表效果,按住【Ctrl】键将"行"中的"总和(比例)"进行拖动,"行"中出现了两个"总和(比例)",相当于将"总和(比例)"进行了复制,如图4.30所示。

图4.30 对"总和(比例)"进行复制

操作完毕后,会出现两个柱形图,如图4.31所示。

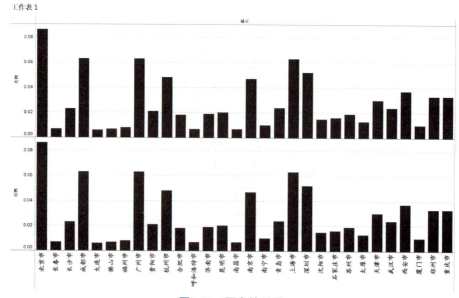

图4.31 两个柱形图

然后在右侧"标记"选项卡中,设置第一个图表的样式为"线",如图4.32所示。

图4.32 设置第一个图表

操作完毕后,发现第一个图表变成了折线图,如图4.33所示。

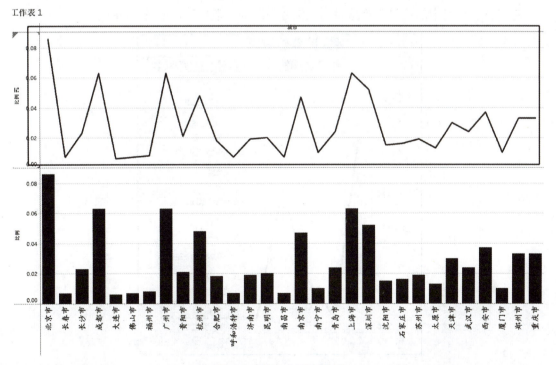

图4.33 第一个图表效果

同样的方法,设置第二个图表为"柱形图"。可能大家会有疑问,第二个已经是柱形图了,为什么还需要设置?原因就在于第二个图表系统默认设置为"自动",当调整第一个图表时,第二个图表又会变成其他的图表类型,所以需要手动将其图表类型改为"条形图",如图4.34所示。

图4.34 设置第二个图表

将"行"栏目中的第二个"总和(比例)"改为"双轴",如图4.35所示。

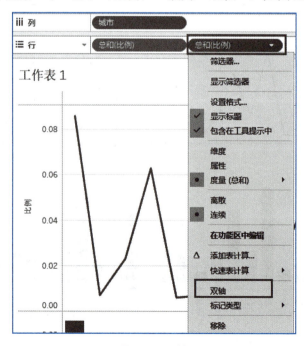

图4.35 双轴

如图4.36所示，两个类型的图表合并到了一起。

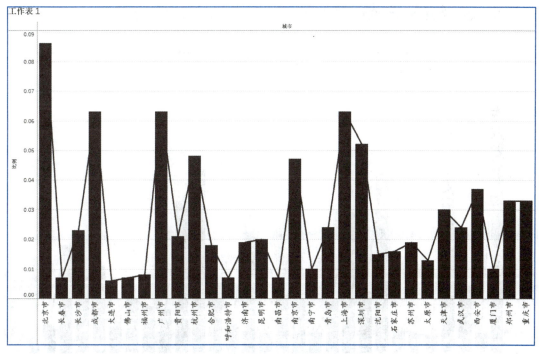

图4.36 图表合并后效果

接下来对图4.36进行优化，因为两个图表类型是同一颜色，所以合并后区分度不大。我们将折线图的颜色设置为红色，这样当单击折线图后会突出显示折线图，效果如图4.37所示。

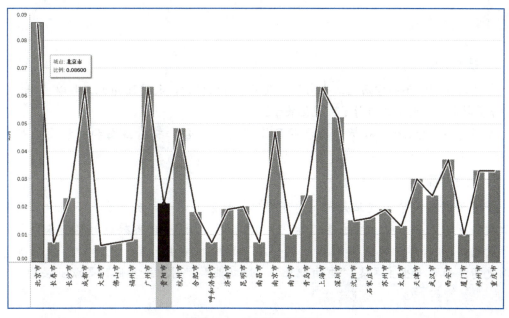

图4.37 突出显示折线图

添加标题后最终将折线图和柱形图进行叠加显示，效果如图4.38所示。

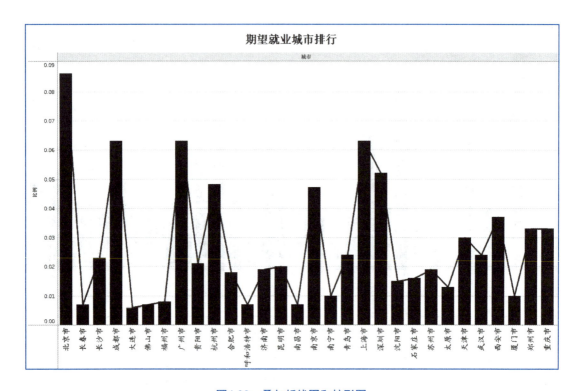

图4.38　叠加折线图和柱形图

项目总结

1. 技术层面

① 通过使用"不同学历就业去向"的数据做为数据源，利用Tableau工具以"并排条"和"堆叠柱形图"的形式进行了可视化展示。

② 在扩展模块中，对折线图和柱形图进行了结合，将折线图和柱形图进行共同展示。

2. 数据层面

① 对于"不同学历就业去向"的可视化并排条图，分学历来看，不同学历的学生就业去向有所差异。硕士生主要选择"单位就业"，这一比例接近90%；本科生更倾向于"国内/外升学"，尤其对于"双一流"院校的学生而言，选择"升学深造"的比例更高；而大专生主要是"自由职业""慢就业""创业或其他"等就业去向。

② 对于"期望就业城市排行"的可视化叠加图来看，一线、新一线城市及部分省会城市成为毕业生首要选择。原因不外乎这些城市的知名企业数量及就业机会较多，但是也要看到这些城市人才竞争也相对激烈。另外，一些二线城市，近年来发展迅速，也逐渐成为毕业生期望就业的首选之地。

③ 通过Tableau工具的可视化，我们对毕业生就业总体情况、就业预期也进一步提升了认识，当前大学生就业形势严峻，结构性矛盾突出。疫情冲击对于高校毕业生的期望行业、期望工作地点、期望岗位影响较大；"单位就业"是毕业生主要去向，新经济行业受到青睐。在择业过程中，毕业生期望去一线或新一线城市。

项目五 大学生消费数据可视化

项目导读

在本项目中会处理部分大学生消费数据，通过可视化展示能够分析大学生的消费行为，了解他们目前的消费情况。2021年1月天猫校园和校园全媒体营销平台校果联合发布了《2020中国大学生消费行为调查研究报告》，就大学生在校园中的消费情况、广告触达、闲时App使用、商品了解购买等问题，进行了调查研究。本项目以调查结果的大学生消费偏好作为数据源，利用Python生成可视化的图表，通过图表来观察大学生消费偏好的情况。

项目目标

知识目标	能力目标	职业素养
① 掌握Python和PyCharm的安装与使用。 ② 掌握用Python编程创建简单图表。 ③ 掌握对图表进行修改和优化	① 会Python的安装。 ② 会PyCharm编辑器的安装并进行简单的设置。 ③ 会Python编程创建柱形图和饼图。 ④ 能够修改和优化图表参数	① 具有自主学习Python编程的能力。 ② 具有诚信、刻苦、严谨的工作态度

项目描述

随着中国社会经济的飞速发展，人们的生活水平有了普遍的提高。当代大学生作为一个特殊的消费群体，有着不同于其他消费群体的消费心理和行为，其消费观念也越来越引起人们的注意。

2020年也是颠覆性的一年，受到新冠肺炎疫情的影响，人们的消费方式及消费习惯也发生了巨大的变化，从线下转移到线上，从计算机端转到了移动端，小李作为一名大二学生，他对周边学生的消费情况也有着自己独到的见解，想去调查一下大学生消费偏好并且将调查的数据展示出来。通过互联网小李发现天猫校园和校园全媒体营销平台校果联合发布了《2020中国大学生消费行为调查研究报告》，如图5.1所示。小李尝试通过Python将其中的大学生整体消费偏好数据进行展示，他惊奇地发现，原来Python也能做出来像Excel一样的图表。

图5.1　《2020中国大学生消费行为调查研究报告》

知识链接

通过Python编程方式做出来的可视化效果如图5.1、图5.2所示。

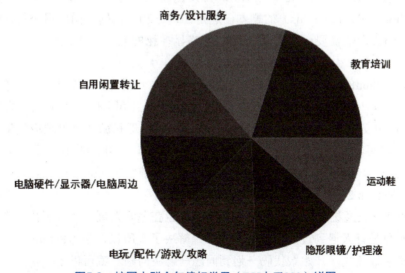

图5.2　校园人群全年偏好类目（TGI大于300）饼图

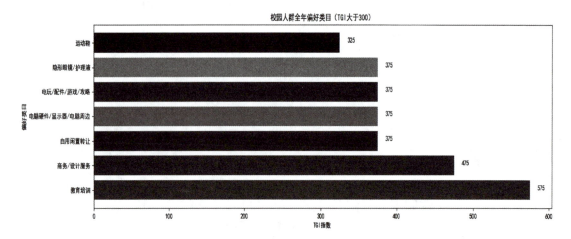

图5.3 校园人群全年偏好类目（TGI大于300）柱形图

1．Python简介

（1）Python的概念

Python语言是由荷兰程序员吉多·范罗苏姆（Guido van Rossum）独立开发。20世纪80年代中期，Python之父Guido van Rossum还在数学和理论计算机科学领域的研究中心（CWI）编写ABC语言的代码。ABC语言是一个为编程初学者打造的研究项目，它给Python之父Guido带来了很大影响。

在CWI工作了一段时间后，Guido构思了一门致力于解决问题的编程语言，他觉得现有的编程语言对非计算机专业的人十分不友好。于是，1989年12月，为了打发无聊的圣诞节假期，Guido开始写Python的第一个版本。值得一提的是Python这个名字的由来，Python翻译成汉语是蟒蛇的意思，并且Python的图标也是两条缠绕在一起的蟒蛇的样子，但Guido起这个名字完全和蟒蛇没有关系。当Guido开发Python的时候，他还阅读了飞翔的马戏团（Monty Python's Flying Circus）的剧本，这是20世纪70年代的英国广播公司（BBC）的一部喜剧。Guido认为他需要一个简短、独特且略显神秘的名字，因此他决定将该语言称为Python。

1991年，Python的第一个编译器（同时也是解释器）诞生。它是由C语言实现的，有很多语法来自C语言，并能够调用C库（.so文件）。Python 1.0版本于1994年1月发布。2000年10月，Python 2.0发布，这个版本主要的新功能是内存管理和循环检测垃圾收集器以及对统一码的支持。然而，尤为重要的变化是开发流程的改变，Python此时有了一个更透明的社区。2008年的12月，Python 3.0发布。Python 3.x不向后兼容Python 2.x，这意味着Python 3.x可能无法运行Python 2.x的代码。

现今的Python已经进入3.0时代，Python的社区也在蓬勃发展，当你提出一个有关Python的问题，几乎总是有人遇到过同样的问题并已经解决了。所以，学习Python并不是很难，读者只需要"安装好环境→开始敲代码→遇到问题→解决问题"就可以了。

Python在2020年摘得TIOBE全球编程语言榜的桂冠，在2021年7月的TIOBE全球编程语言榜单中，Python排名第三，如图5.4所示。

Jul 2021	Jul 2020	Change	Programming Language	Ratings	Change
1	1		C	11.62%	-4.83%
2	2		Java	11.17%	-3.93%
3	3		Python	10.95%	+1.86%
4	4		C++	8.01%	+1.80%
5	5		C#	4.83%	-0.42%
6	6		Visual Basic	4.50%	-0.73%
7	7		JavaScript	2.71%	+0.23%
8	9	↑	PHP	2.58%	+0.68%
9	13	⇑	Assembly language	2.40%	+1.46%
10	11	↑	SQL	1.53%	+0.13%
11	20	⇑	Classic Visual Basic	1.39%	+0.73%

图5.4　2021年7月TIOBE全球编程语言榜单

（2）Python 3.x 与 Python 2.x的区别

从Python 2到Python 3是一个大版本升级，因为Python 3很多地方并不兼容Python 2，导致很多Python 2的代码不能被Python 3解释器运行，反之亦然。表5.1对Python 3.x和Python 2.x的区别进行了简单的介绍。

表5.1　Python 3.x 与 Python 2.x的区别

版本	Python 3.x	Python 2.x
官方解释	Python 3.0是未来使用的	Python 2.0是过去的遗产
语法	举例：print（"hello"）	举例：print "hello"
编码	举例：可以直接写中文，默认是unicode支持中文，不再烦恼字符编码问题	举例：不能直接写中文；必须先声明utf-8 如：#-*- coding:utf-8 -*-
库名	winreg、configparser、copyreg等	_winreg、ConfigParser、copy_reg等

本书采用的是Python 3，新版本的出现总有它的意义，Python 3 被定为 Python 的未来，于 2008 年末发布，是目前正在开发的版本。旨在解决和修正 Python 2 遗留的设计缺陷、清理代码库冗余、追求有且仅有一种最佳实践方式来执行任务等。

2. Python和PyCharm的安装

本项目选择在64位Windows 10系统下安装Python。

首先用浏览器打开Python官方网址:www.python.org，如图5.5所示。

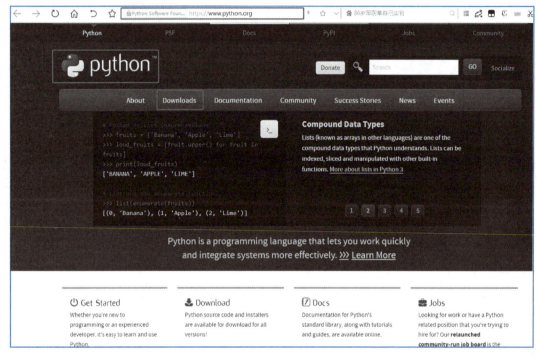

图5.5 打开Python官网

单击"Downloads"中的"Windows"，如图5.6所示。

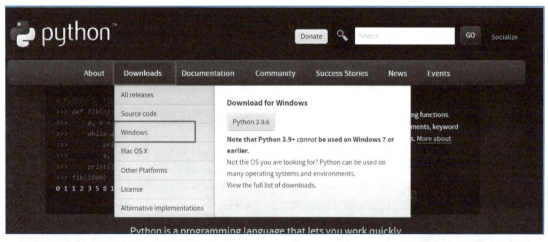

图5.6 进入"Downloads"中的"Windows"

接下来会跳转到下载页面，可以从页面上看到目前最新的Python版本是Python 3.10。

考虑到很多用户还在使用Windows 7系统，而Python 3.9及以上版本不支持Windows 7及更早期的系统，这里选择Python 3.8.10的版本，此版本可以运行在Windows 7或者Windows 10系统，但是不能运行在Windows XP 或者更早期的版本，如图5.7所示。

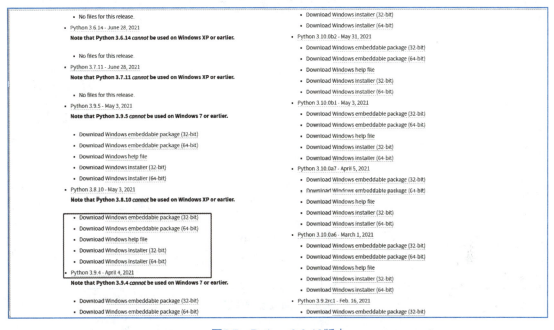

图5.7　Python 3.8.10版本

Python3.8.10有五个版本，选择哪一个取决于计算机系统的位数。针对Windows 7和Windows 10系统，查看方式如下：

（1）Windows 7操作系统

在计算机桌面右击"计算机"图标，在弹出的快捷菜单中选择"属性"命令，如图5.8所示。

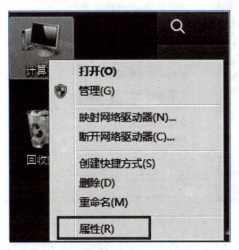

图5.8　"属性"命令

在打开的"系统"界面中即可查看操作系统的类型,如图5.9所示的计算机是64位操作系统。

图5.9 64位操作系统

(2) Windows 10操作系统

在计算机桌面右击"此计算机"图标,在弹出的快捷菜单中选择"属性"命令,如图5.10所示。

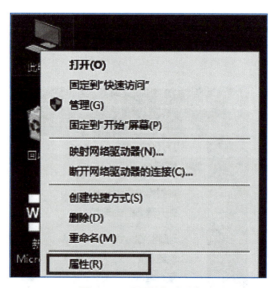

图5.10 "属性"命令

在打开的"系统"界面中即可查看计算机操作系统的类型,如图5.11所示的计算机是64位操作系统。

图5.11　64位操作系统

在Python下载界面中,"Windows embeddable package"是嵌入式版本,可以集成到其他应用中。"Windows installer"是可执行文件(*.exe)版本,此处选择64位的可执行文件的安装方式。

首先单击"Windows installer (64-bit)"超链接,弹出"新建下载任务"对话框,单击"下载"按钮,如图5.12所示。

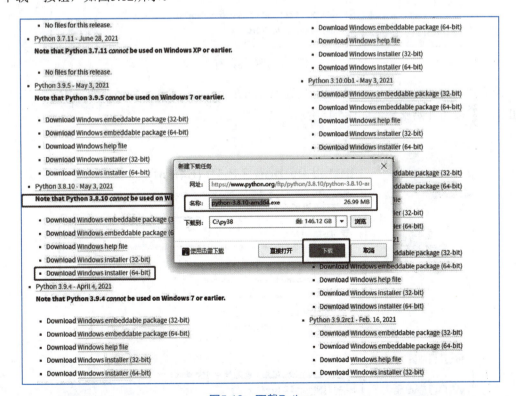

图5.12　下载Python

下载完成后,可以看到如图5.13所示的安装包。

图5.13　Python安装包

双击安装包，出现图5.14所示的开始安装界面。

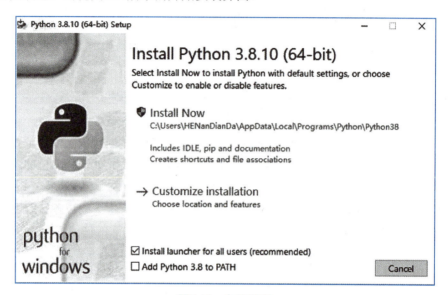

图5.14　安装界面

选中"Add Python 3.8 to PATH"复选框，可把Python 3.8添加到环境变量中，单击"Install Now"按钮开始安装，如图5.15所示。

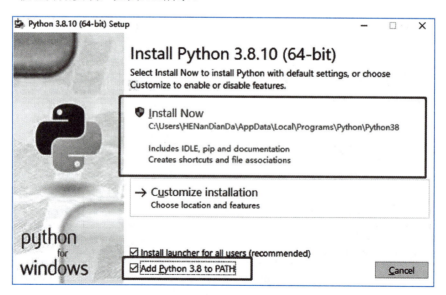

图5.15　开始安装

等待图5.16所示的进度条完成，即可看到图5.17安装成功的界面。

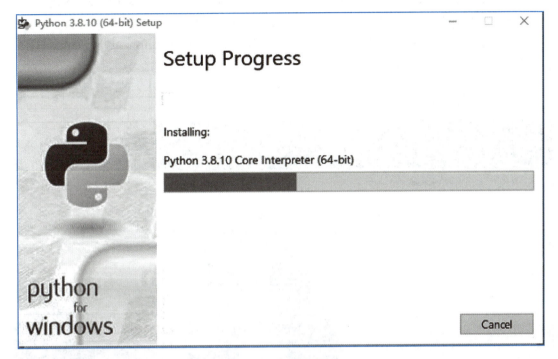

图5.16　安装进度条

图5.17　安装成功界面

因为Python是一个解释器，虽然Python也自带IDLE，但是为了更好地编程调试，还需要下载PyCharm，PyCharm是为Python编程语言专门打造的一款IDE（集成开发环境）。在PyCharm中编写Python程序，也需要Python解释器的支持，两者配合工作。

首先打开浏览器，输入PyCharm的官方网址：https://www.jetbrains.com/pycharm/，可以看到图5.18所示的官网界面。

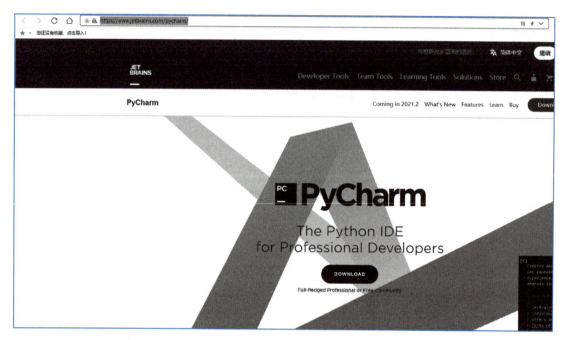

图5.18　PyCharm官网界面

页面有PyCharm社区版和专业版的对比介绍，见表5.2。

表5.2　PyCharm社区版和专业版对比

类别	社 区 版	专 业 版
功能	支持智能的代码补全、代码检查、程序调试运行、实时错误高亮显示和快速修复，还有自动化代码重构和丰富的导航功能	与社区版相比，增加了Web开发、Python We框架、Python分析器、远程开发、支持数据库与SQL等更多高级功能
授权	免费	需要付费购买激活码才能使用
适用人群	适用于一些公司进行专业互联网开发	提供给编程爱好者使用学术交流的

本项目下载社区版，功能虽然不够全面，但已能够满足日常开发需要，如图5.19所示。

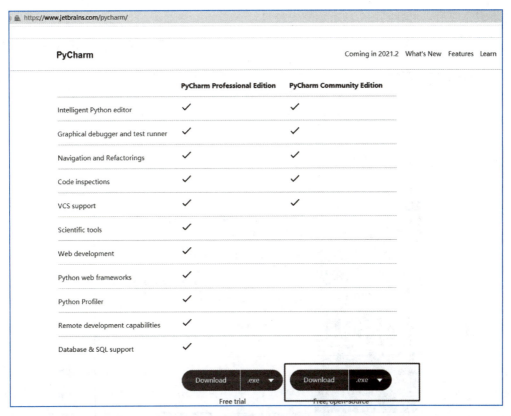

图5.19 下载PyCharm社区版界面

单击"Download"按钮,弹出图5.20所示的"新建下载任务"对话框,单击"下载"按钮即可。

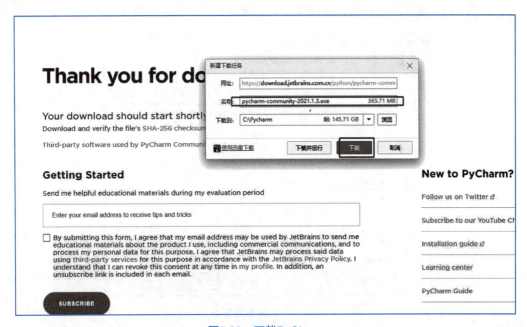

图5.20 下载PyChram

下载完成后，可看到图5.21所示的安装包。

图5.21　PyCharm安装包

双击安装包，出现图5.22所示的开始安装窗口。

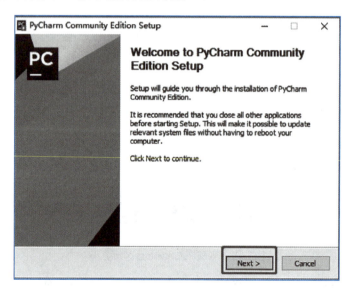

图5.22　开始安装窗口

单击"Next"按钮，选择默认安装路径后，继续单击"Next"按钮。

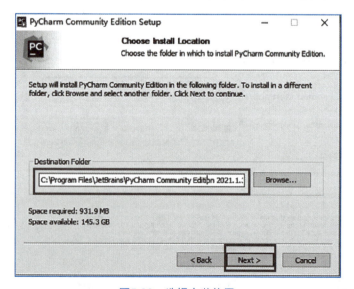

图5.23　选择安装位置

如图5.24所示，配置安装选项，选中窗口中的所有复选框后，继续单击"Next"按钮。

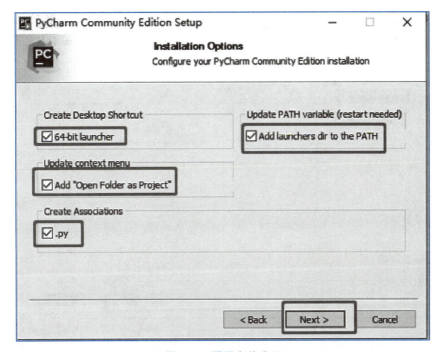

图5.24　配置安装选项

弹出图5.25所示界面，单击"Install"按钮。

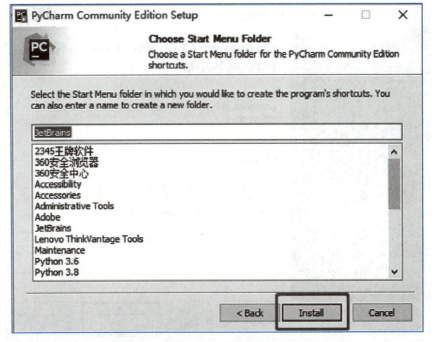

图5.25　开始安装

出现图5.26所示的安装进度条。

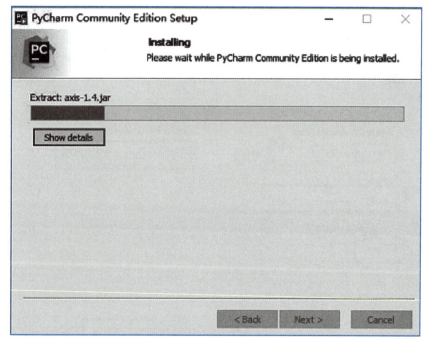

图5.26　安装进度条

安装完成后，如图5.27所示，选择是否现在重启计算机单选按钮，此处选择稍后重启，单击"Finish"按钮。

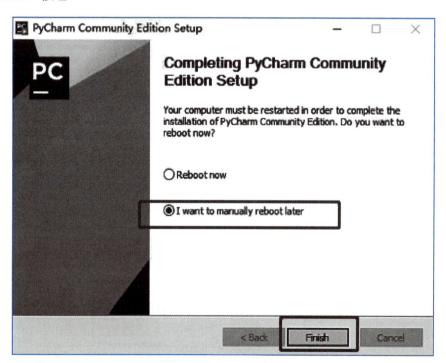

图5.27　PyCharm安装成功界面

PyCharm安装完毕后，桌面出现PyCharm图标。

视 频

创建简单
Python可视化

项目实战

任务：创建简单Python可视化

任务描述

为了了解2020年大学生的消费行为，校果研究院在全国100多所院校进行了15 860份网络和实地的调查问卷，回收了15 546份问卷，其中男生占比51%，女生占比49%。在对大学生整体偏好情况统计过程中，《2020中国大学生消费行为调查研究报告》的统计结果如图5.28所示。统计指标中使用目标群体指数（Target Group Index，TGI），其计算公式是

$$TGI = \frac{目标群体中具有某一特征的群体所占比例}{总体中具有相同特征的群体所占比例} \times 标准数100$$

当TGI指数大于100，代表着某类用户更具有相应的倾向或者偏好，数值越大则倾向和偏好越强；小于100，说明该类用户相关倾向较弱（和平均水平相比）；等于100表示在平均水平。取TGI大于300的偏好类目。

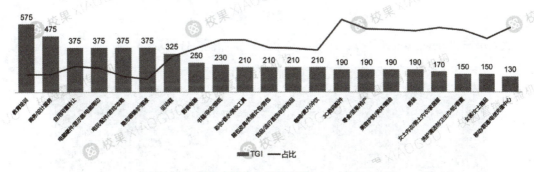

图5.28　校园人群全年偏好类目（TGI大于100）

任务实施

步骤1：环境准备

双击PyCharm图标，第一次启动PyCharm，如图5.29所示，弹出项目导入设置界面，选择"Do not import settings"。

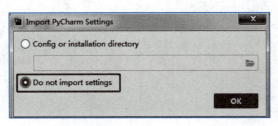

图5.29　项目导入设置

弹出图5.30所示配置工程路径的界面。

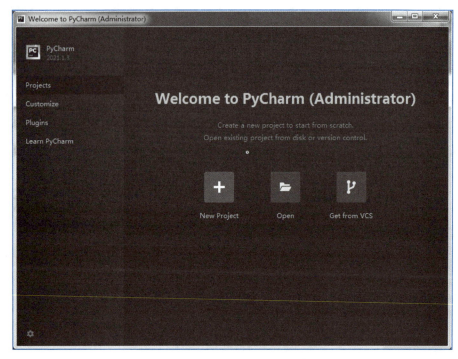

图5.30　配置工程路径

然后单击"New Project"按钮,创建一个工程,如图5.31所示。

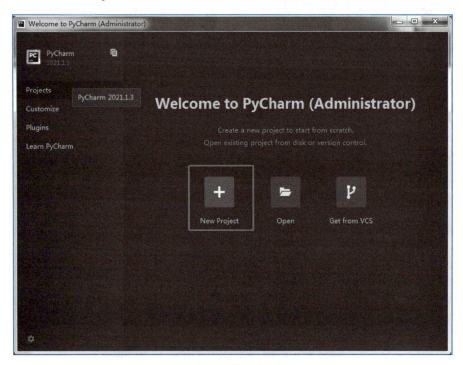

图5.31　创建一个工程

添加项目路径以及Python解释器路径：项目路径可以自定义，此处定义为"F:\Pycharm-Projects\pythonProject"；而Python解释器路径就是安装Python的路径，如图5.32所示。

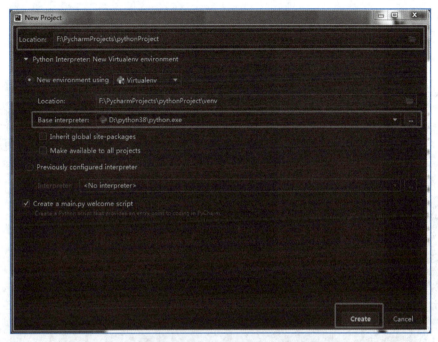

图5.32　添加项目路径以及Python解释器路径

单击"Creat"按钮后，出现图5.33所示的开始界面，选中"Don't show tips"单选按钮，意为下次不再出现这个对话框，单击"Close"按钮。

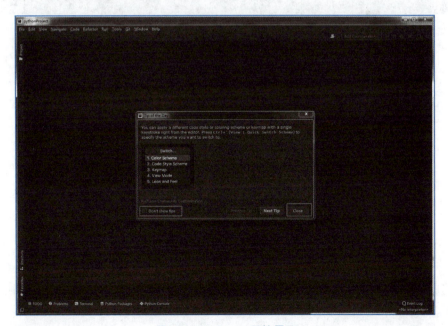

图5.33　PyCharm开始界面

下面创建Python文件，通过编程展示大学生整体消费偏好的数据。

首先在项目pythonProjece中创建.py文件，用来编辑Python代码，右击项目名字，在弹出的快捷菜单中选择"New"→"Python File"命令，如图5.34所示。

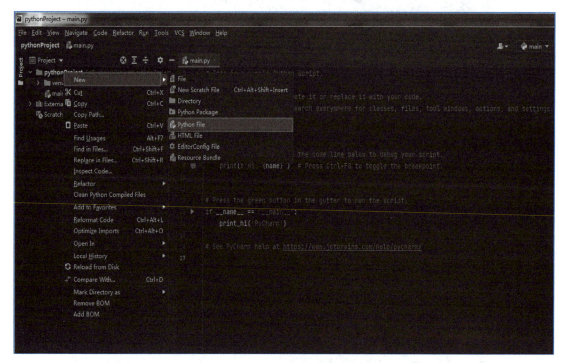

图5.34　创建.py文件

在弹出的图5.35所示对话框中创建.py文件名，此处命名为"demo1"，单击"Enter"键即可。

图5.35　创建名字为demo1的.py文件

创建成功后，界面右栏出现图5.36所示的"demo1.py"文件，即可在此文件中编辑所需的代码。

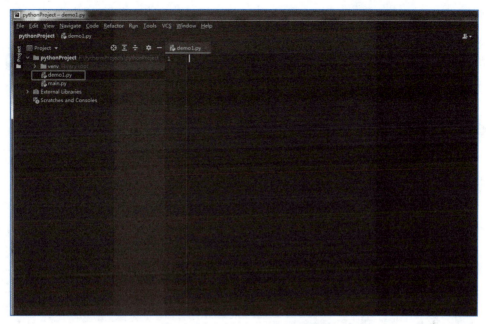

图5.36　demo1.py文件创建成功

由于后续创建柱形图和饼图时需要用到Python的第三方库。如果说强大的标准库奠定了Python发展的基石，丰富的第三方库则是Python不断发展的保证，随着Python的发展，一些稳定的第三方库被加入到标准库，Python官方第三方库网址是http://pypi.python.org/pypi?%3Aaction=index，其中共有6 000多个第三方库。其中常用的第三方库及其功能见表5.3。

表5.3　常用的第三方库

类　　别	库　名　称	库　功　能
Web框架	django	开源Web开发框架，它鼓励快速开发，并遵循MVC设计
	flask	一个非常小的Python Web框架，被称为微型框架，只提供了一个稳健的核心，其他功能全部是通过扩展实现的
	twisted	流行的网络编程库，大型Web框架
科学计算	matplotlib	用Python实现的类MATLAB的第三方库，用以绘制一些高质量的数学二维图形
	numpy	基于Python的科学计算第三方库，提供了矩阵、线性代数、傅立叶变换等的解决方案
GUI	PyGtk	基于Python的GUI程序开发GTK+库
	PyQt	用于Python的QT开发库
其他	beautifulsoup	基于Python的HTML/XML解析器，简单易用
	PIL	基于Python的图像处理库，功能强大，对图形文件的格式支持广泛
	scrapy	基于Twisted的异步处理框架，纯Python实现的爬虫框架

第三方库的安装方法主要有以下两种：

（1）pip命令行直接安装

在桌面左下角"在这里输入你要搜索的内容"文本框中输入"cmd"，按【Enter】键，弹出图5.37所示的搜索结果。

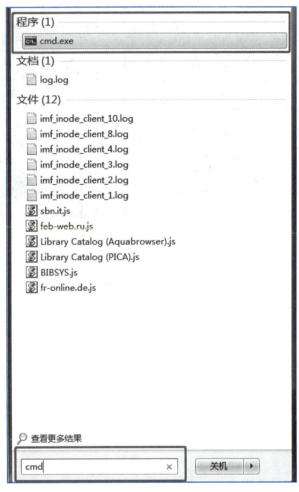

图5.37 查找"cmd"程序

单击"cmd"程序，打开cmd命令行窗口，通过"pip install 包名"命令进行第三方库安装，此方法简单快捷。例如，安装matplotlib库如图5.38所示。

图5.38 安装matplotlib库

安装成功如图5.39所示。

图5.39　成功安装matplotlib库

（2）通过PyCharm下载所需库函数

在菜单栏中选择"File"→"Setting"命令，如图5.40所示。

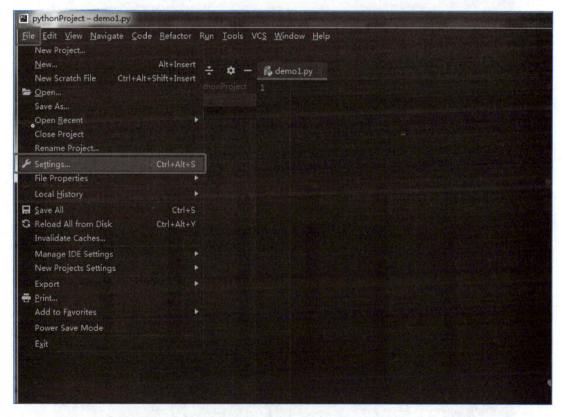

图5.40　选择"File"→"Setting"命令

在弹出的菜单栏中选择"Project:pythonProject"→"Project Interpreter"，如图5.41所示。

操作完毕后就可以查看已有库包，图5.42中的"matplotlib"是以第一种方式已经下载好的库函数。

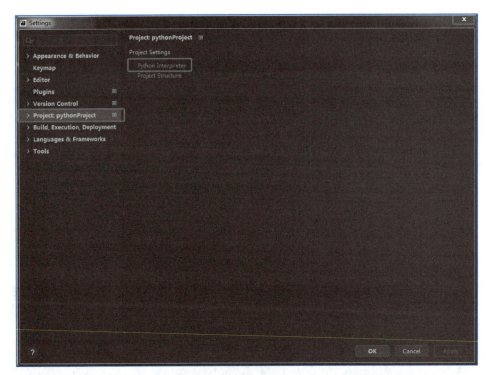

图5.41　选择"Project:pythonProject"→"Project Interpreter"

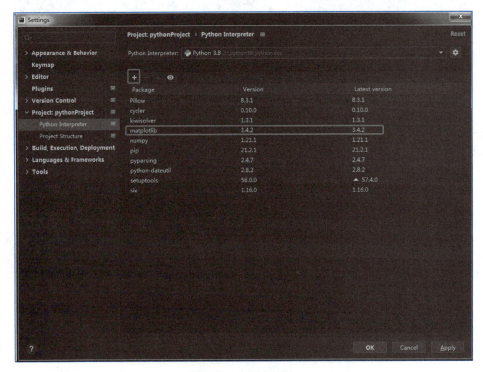

图5.42　查看库函数

如果没有在方法一中安装的话，首先单击"+"按钮，在弹出的窗口中搜索要下载的库包,例如搜索"matplotlib",如图5.43所示,找到要搜索的库函数,单击"Intall Package"按钮即可。

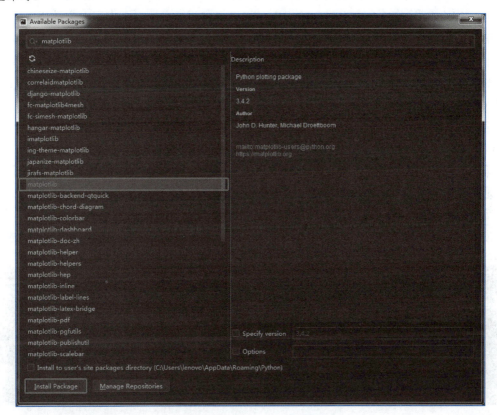

图5.43 下载matplotlib库函数

注意:通过PyCharm直接下载库包,在其菜单栏里即可完成,但是成功率不高,推荐第一种方法。

步骤2:制作柱形图

制作柱形图的代码如图5.44所示。

图5.44 柱形图代码

第一行:import matplotlib.pyplot as plt,指通过import导入matplotlib库中的pyplot函数,

并把matplotlib.pyplot重命名为plt。

第二行、第三行：plt.rcParams['font.sans-serif '] = ['SimHei']；plt.rcParams['axes.unicode_minus'] = False，指解决plt中文显示的问题，如果将这两行去掉，会出现中文乱码。

第四行、第五行：category = ('教育培训', '商务/设计服务', '自用闲置转让', '计算机硬件/显示器/计算机周边', '电玩/配件/游戏/攻略', '隐形眼镜/护理液', '运动鞋')，TGI = [575, 475, 375, 375, 375,375,325]，指将数据的行类别放到命名为category的元组中，将数据中的TGI指数放入命名为TGI的列表中。

第六行：plt.bar(category, TGI)，将类别字段category和TGI指数字段TGI作为参数放入bar( )中。

第七行：plt.title('校园人群全年偏好类目（TGI大于300）')，这行代码意思是柱形图的标题是"校园人群全年偏好类目（TGI大于300）"。

第八行：plt.show()意思是展示前面设置的柱形图。

接下来，单击右上角"运行"按钮，即可运行，如图5.45所示。

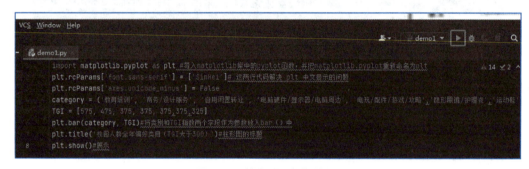

图5.45　单击"运行"按钮

即可出现图5.46所示的柱形图。

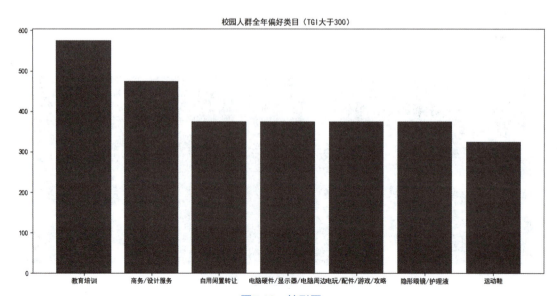

图5.46　柱形图

步骤3：饼图

制作饼图的代码如图5.47所示。

```
import matplotlib.pyplot as plt #导入matplotlib库中的pyplot函数,并把matplotlib.pyplot重新命名为plt
plt.rcParams['font.sans-serif'] = ['SimHei'] #这两行代码解决 plt 中文显示的问题
plt.rcParams['axes.unicode_minus'] = False
category = ('教育培训','商务/设计服务','自用闲置转让','电脑硬件/显示器/电脑周边','电玩/配件/游戏/攻略','隐形眼镜/护理液','运动鞋')
TGI = [575, 475, 375, 375, 375, 375, 325]
plt.pie(TGI, labels=category) #将TGI和category指数两个字段作为参数放入pie()中
plt.title('校园人群全年偏好类目（TGI大于300）') #饼图的标题
plt.show() #展示
```

图5.47　饼图代码

对于与柱形图不同的第六行代码解释如下：

plt.pie(TGI, labels=category)，这里和柱形图的不同是plt.bar()，饼图用的函数plt.pie()。同样TGI和category这两个字段都是参数，第一个字段代表不同的数值分割的角度，第二个字段labels是标签，每个数值对应着不同的标签。

同样单击"运行"按钮，出现图5.48所示的饼图。

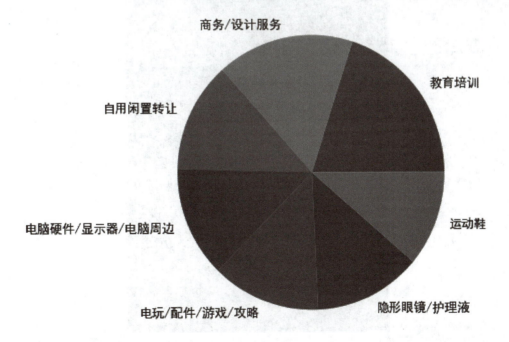

图5.48　饼图

项目巩固与提高

1. 注意事项

在前面的模块中已经学习了通过Python实现柱形图和饼图的操作，读者可能有这样的疑惑，怎么更改代码区背景以及字体大小呢？可以按照如下操作完成更改。

首先选择"file"→"settings"命令，如图5.49所示。

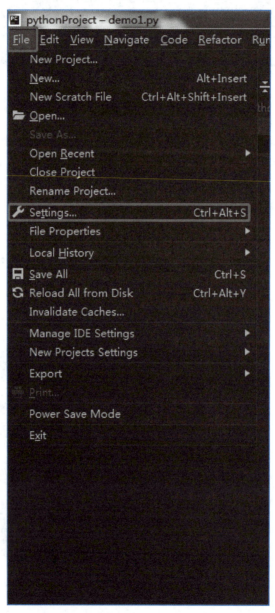

图5.49 选择"file"→"settings"命令

在打开的"settings"窗口中选择"Editor"→"Font"命令，如图5.50所示。

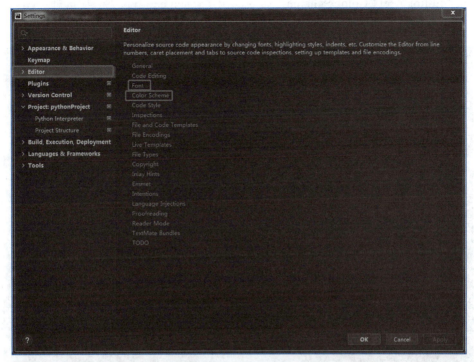

图5.50　Editor选项

在"Size"文本框中设置字体大小为"16",单击"OK"按钮,如图5.51所示。

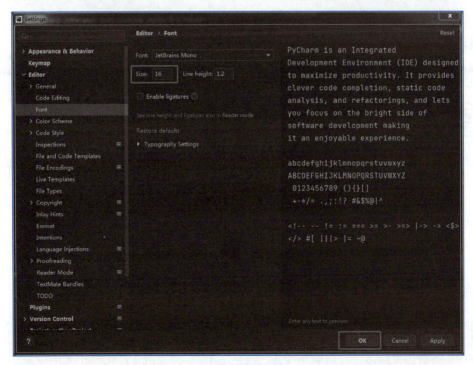

图5.51　设置字体

选择"Editor"→"Color Scheme"命令,在"Scheme"下拉列表中选择"GitHub",并单击"OK"按钮,如图5.52所示。

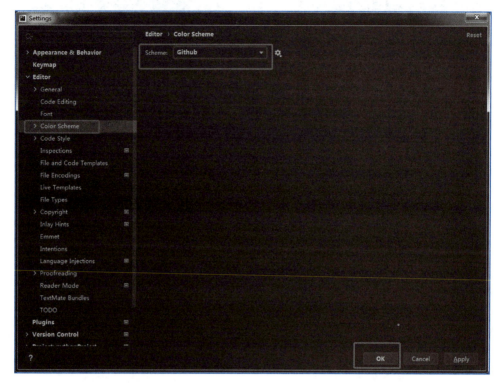

图5.52 设置颜色

设置完毕后,效果如图5.53所示。

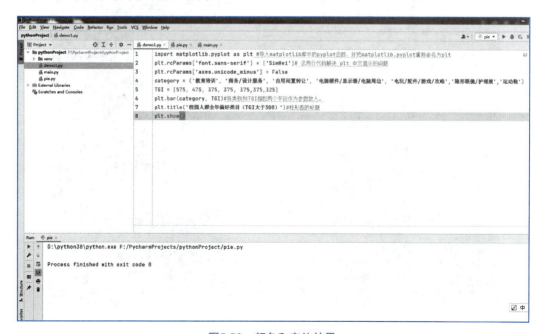

图5.53 颜色和字体效果

2. 可视化展示扩展

在前面的任务里介绍了用Python编程方式制做柱形图和饼图，这些图表还不够美观，现在以柱形图为例进行可视化展示扩展，优化图表效果。

（1）X轴标签重叠

柱形图有时会出现X轴的标签重叠问题，如图5.54所示。

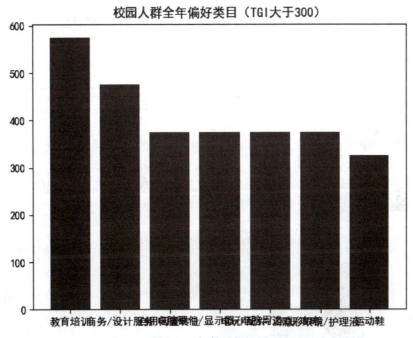

图5.54　标签重叠问题

对于上述问题，有以下四种解决方法：

方法一：手动调整画布

在柱形图展示后，可以手动拖动画布进行调整，如图5.55所示。

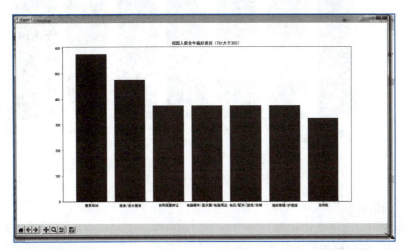

图5.55　拖动条形图

方法二：编程拉大画布

也可以通过编程方式，在第四行加上代码plt.figure(figsize=(15,15))，设置画布长、宽分别为15、15，如图5.56所示。

```
import matplotlib.pyplot as plt #导入matplotlib库中的pyplot函数,并把matplotlib.pyplot重新命名为plt
plt.rcParams['font.sans-serif'] = ['SimHei']# 这两行代码解决 plt 中文显示的问题
plt.rcParams['axes.unicode_minus'] = False
plt.figure(figsize=(15,15))
category = ('教育培训', '商务/设计服务', '自用闲置转让', '电脑硬件/显示器/电脑周边', '电玩/配件/游戏/攻略', '隐形眼镜/护理液','运动鞋')
TGI = [575, 475, 375, 375, 375, 375, 325]
plt.bar(category, TGI)#将类别和TGI指数两个字段作为参数放入。
plt.title('校园人群全年偏好类目（TGI大于300）')#柱形图的标题
plt.show()
```

图5.56　加上plt.figure(figsize=(15,15))代码

效果与方法一相同。

方法三：调整标签字体大小及旋转

将横坐标的标签字体调小，设置为10，并且旋转字体角度为20°，代码是plt.xticks(rotation=20, fontsize=10)，在第八行插入此代码，效果如图5.57所示。

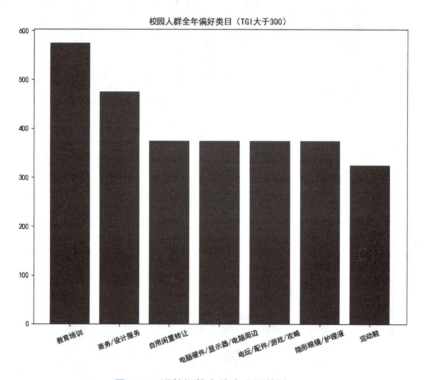

图5.57　调整标签字体大小及旋转

方法四：横纵轴颠倒

将纵向柱状图改成横向柱状图，即将第六行的代码plt.bar (category, TGI)改为plt.barh(category, TGI)即可，效果如图5.58所示。

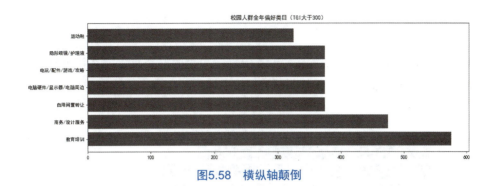

图5.58　横纵轴颠倒

（2）添加数据标签

在图5.58所示的柱形图中，我们还可以添加数据标签，可在第八行代码后添加两行代码：

```
for x,y in enumerate(TGI):
plt.text(y+15,x,y,ha='center')
```

这两行代码的意思是，通过for循环找到每一个x、y值的相应坐标TGI，这里由于category字段不是数值型，所以在enumerate(TGI)中只有一个参数。接下来再使用plt.text在对应位置添加文字说明来生成相应的数字标签，而for循环也保证了每一个柱子都有标签。其中，y+15，x表示在每一柱子对应y值、x值上方15处标注文字说明，后面的y代表标注的文字，即每个柱子对应的y值，ha='center'，表示数值标签横向对齐，水平居中。代码如图5.59所示。

```
1  import matplotlib.pyplot as plt #导入matplotlib库中的pyplot函数，并把matplotlib.pyplot重新命名为plt
2  plt.rcParams['font.sans-serif'] = ['SimHei']# 这两行代码解决 plt 中文显示的问题
3  plt.rcParams['axes.unicode_minus'] = False
4  category = ('教育培训', '商务/设计服务', '自用闲置转让', '电脑硬件/显示器/电脑周边', '电玩/配件/游戏/攻略', '隐形眼镜/护理液', '运动鞋')
5  TGI = [575, 475, 375, 375, 375,375,325]
6  plt.barh(category, TGI)#将类别和TGI指数两个字段作为参数放入。
7  plt.title('校园人群全年偏好类目（TGI大于300）')#柱形图的标题
8  for x,y in enumerate(TGI):
9      plt.text(y+15, x, y, ha='center')
10 plt.show()
```

图5.59　添加数据标签

单击左上角的 ▶ 按钮，运行效果如图5.60所示。

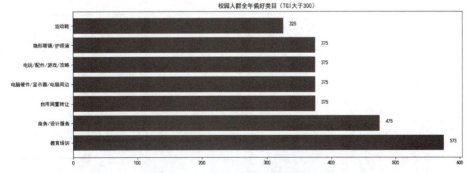

图5.60　添加数据标签后的柱形图

（3）添加X、Y轴子标题

可以分别为X轴和Y轴添加子标题"TGI指数"和"偏好类目"，在第七行后加入代码plt.xlabel("TGI指数")，plt.ylabel("偏好类目")。效果如图5.61所示。

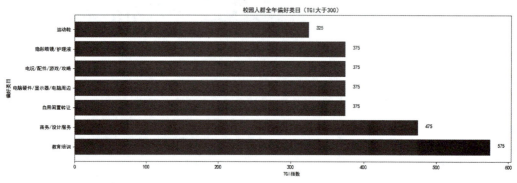

图5.61　添加X、Y轴标题

（4）为每个柱子设置不同的颜色

在柱形图中可以为每个柱子设置不同的颜色，修改第六行的代码plt.barh(category, TGI)为plt.barh(category, TGI,color=['r', 'g', 'b', 'c', 'm', 'y', 'k'])即可，添加的代码color=['r', 'g', 'b', 'c', 'm', 'y', 'k']中字母代表不同颜色的缩写，含义见表5.4。

表5.4　颜色缩写对照表

英　　文	含　　义	缩　　写
red	红色	r
green	绿色	g
blue	蓝色	b
yellow	黄色	y
cyan	蓝绿色	c
magenta	粉紫色	m
black	黑色	k
white	白色	w

运行后即可看到如图5.62所示的更加美观的柱形图。

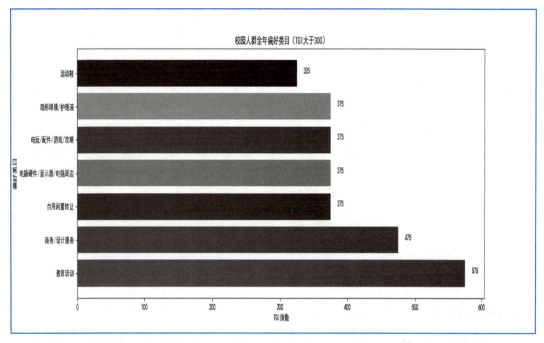

图5.62　柱形图

项目总结

1. 技术层面

① 本项目介绍了Python和PyCharm的安装与使用，详细介绍了PyCharm字体以及颜色的修改操作。

② 在可视化中，首次通过编程的方式进行柱形图和饼图的可视化展示。

③ 在扩展项目中，对条形图进行了优化，修改了重叠问题，增加了数据标签、X轴和Y轴标题以及柱子的颜色，最终呈现出更加美观的柱形图。

2. 数据层面

① 通过对展示图表的观察可以发现，作为年轻一代线上消费主力军，校园人群线上关注品类集中在悦己产品和学习工具产品，学习之余他们可能是热血沸腾的运动少年，也可能是保养精致的潮流女孩。

② 通过图表要能发现数据背后的问题，大学生的生活费不断增加，由于社会上"京东白条""蚂蚁花呗"等小额借贷平台不断出现，个别大学生透支消费能力的情况也需引起重视。

③ 通过图表可以更好地了解当代大学生的消费支出情况，从而更全面地对学生进行科学消费观的引导和培养，培养大学生形成科学、理性、适度的正确消费理念，促使他们成为未来消费主体的践行者、推动者。

项目六　大学生消费数据可视化进阶

项目导读

在本项目中仍然会处理大学生消费数据，但是与项目五相比，本次处理的数据更复杂，数据类型会更加多样化，完成进阶课程的学习后，读者对于Python编程的可视化应用会更加得心应手。本项目的数据源同样来自天猫校园和校园全媒体营销平台校果联合发布的《2020中国大学生消费行为调查研究报告》。该报告的调查对象主要是高校学生，并且选取了全国100多所有代表性的院校，学校所在地覆盖了31个省市，所以具有一定的代表性。在本项目我们将以"男女不同消费偏好"数据为例，通过Python编程生成更为复杂多样的可视化图表，通过这些图表的展示可以更全面地了解大学生的消费行为。

项目目标

知识目标	能力目标	职业素养
① 掌握用Python编程创建雷达图并优化。 ② 掌握用Python编程创建词云并优化	① 会使用Python编程展示单类别数据的雷达图。 ② 会使用Python编程展示双类别的雷达图。 ③ 会生成词云。 ④ 会更换背景后生成词云	① 具有自主扩展Python图表的能力。 ② 具有热爱Python编程的情怀。 ③ 具有诚信、专研、严谨的工作态度

项目描述

目前，大学生的网上消费结构呈现多样化的分布，根据天猫校园和校园全媒体营销平台校果联合发布的《2020中国大学生消费行为调查研究报告》，该报告利用网络平台大数据和问卷调查数据，分析了2020年中国大学生消费行为。在"男女不同消费偏好"数据中，可以看出在大学生个体越来越个性化，以网购为代表的信息网络技术越来越发达的今天，男女大学生的在消费过程中的性别差异也更加明显，总的来看饮食消费占据了绝对主导的地位，男女比例分别高达73.37%和85.34%，说明不管对于男生还是女生来说，日常消费当中最主要的部分都是用于饮食。

上面提到的"男女不同消费偏好"数据，数据格式较为简单，但是怎么使用Python编程利用简单的数据做出不同的可视化效果呢？这是需要探讨的问题。以下将讲解数据准备和数据处理任务，把处理好的数据进行描述，并且通过Python方式以不同的可视化视角来表达数据。在扩展模块中会对雷达图和词云进行扩展优化。

知识链接

在项目五中展示了简单的Python编程可视化效果，图6.1和图6.2是比较复杂的Python可视化效果，也是本项目即将学习和需要掌握的可视化方法，图6.1是雷达图，图6.2是词云。

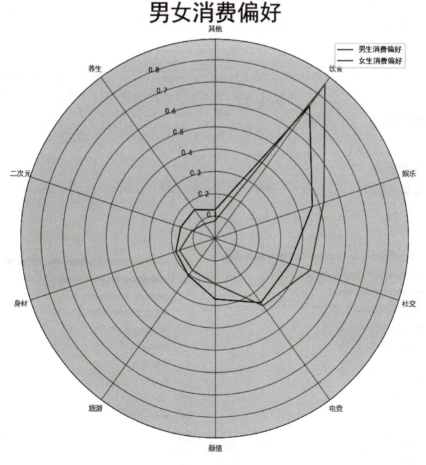

图6.1 雷达图

图6.2 词云

通过上面两个图的展示,可以清晰地发现比之前的简单图表的内容更加丰富,形式也更加多样。接下来先对数据进行处理。

1. 数据准备

2021年1月,天猫校园和校园全媒体营销平台校果联合发布的《2020中国大学生消费行为调查研究报告》。本次展示的数据是摘自报告中的原始数据,"男女消费偏好"的数据取自报告第十一页,如图6.3所示。

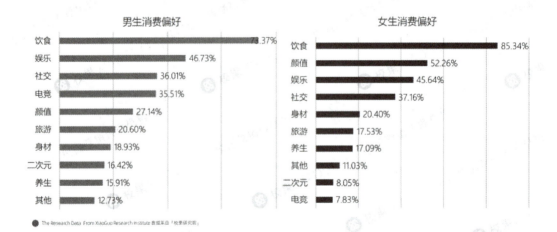

图6.3 报告中的消费偏好原始数据

2. 数据处理

Python编程如果处理的是比较少的数据，可以直接写在代码中，因此将图6.3中的数据写入代码。

（1）"男生消费偏好"数据

先将图6.3的左图的男生数据取出来以两个列表的形式表达，偏好类目按照由小到大依次递增的顺序排列。

男生类目=['其他', '养生', '二次元', '身材', '旅游', '颜值', '电竞', '社交', '娱乐', '饮食']

男生类目比例=['12.73%', '15.91%', '16.42%', '18.93%', '20.60%', '27.14%', '35.51%', '36.01%', '46.73%', '73.37%']

（2）"女生消费偏好"数据

将图6.3的右图的女生数据取出来以两个列表的形式表达，偏好类目按照由小到大依次递增的顺序排列。

女生类目=['电竞', '二次元', '其他', '养生', '旅游', '身材', '社交', '娱乐', '颜值', '饮食']

女生类目比例=['7.83%', '8.05%', '11.03%', '17.09%', '17.53%', '20.40%', '37.16%', '45.64%', '52.26%', '85.34%']

项目实战

任务 创建复杂Python可视化

任务描述

通过"消费偏好"数据可以得出，"饮食"的比例最高，民以食为天，对于当代大学生也是如此；"娱乐"所占消费比例居其次，说明学生对于精神层面的需求也很大。而在"男生消费偏好"数据中发现娱乐对男生消费支出更加突出，而"女生消费偏好"数据的"颜值"占据着消费支付的其次位置，这也能看出女生偏爱形象。

以下介绍如何利用上面的数据通过Python编程方式进行展示。

任务实施

在本任务中，利用Python编程方式对"男生消费偏好"数据和"女生消费偏好"数据进行展示。

步骤1：制作雷达图

在项目五中已经学习了如何用PyCharm创建.py文件，这里把雷达图的.py文件命名为"radar.py"，创建步骤不再赘述，创建完毕后如图6.4所示。

制作柱形图的代码如图6.5所示。

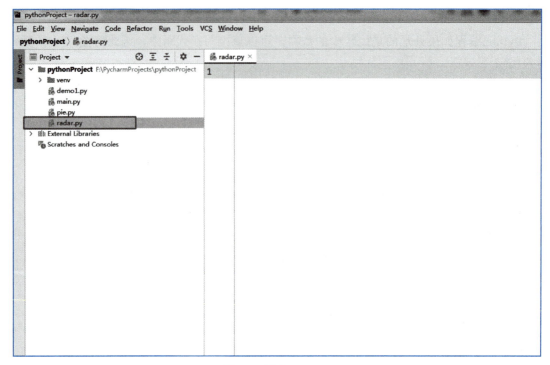

图6.4　创建radar.py

```
1   import numpy as np
2   import matplotlib.pyplot as plt
3   import matplotlib
4   matplotlib.rcParams['font.family']='SimHei'
5   matplotlib.rcParams['font.sans-serif'] = ['SimHei']
6   labels = np.array(['其他', '养生', '二次元', '身材', '旅游', '颜值', '电竞', '社交', '娱乐', '饮食'])
7   data = np.array(['12.73%', '15.91%', '16.42%', '18.93%', '20.60%', '27.14%', '35.51%', '36.01%', '46.73%', '73.37%'])
8   arrlen = 10
9   angles = np.linspace(0,2*np.pi,arrlen,endpoint=False)
10  plt.subplot(111,polar=True)
11  plt.plot(angles,data)
12  plt.fill(angles,data)
13  plt.thetagrids(angles*180/np.pi,labels)
14  plt.title('男生消费偏好')
15  plt.grid(True)
16  plt.show()
```

图6.5　雷达图代码

第1行：

```
import numpy as np
```

含义是通过import引入numpy，并且将numpy重命名为np。为什么要用numpy呢？Python虽然也提供了array模块，但其只支持一维数组，不支持多维数组，也没有各种运算函数。因此不适合数值运算，numpy的出现弥补了这些不足。

第2～第5行：详见项目五。

第6～第7行：

```
labels=np.array(['其他','养生','二次元','身材','旅游','颜值','电竞',
'社交','娱乐','饮食'])
    data = np.array(['12.73%','15.91%','16.42%','18.93%','20.60%','27.14%',
'35.51%','36.01%','46.73%','73.37%'])
```

其中numpy.array()函数的作用是生成数组。所以第6行代码的意思是生成一维数组['其他','养生','二次元','身材','旅游','颜值','电竞','社交','娱乐','饮食']，代表类目。同样第7行的代码的意思是生成一维数组['12.73%','15.91%','16.42%','18.93%','20.60%','27.14%','35.51%','36.01%','46.73%','73.37%']，代表百分比。

第8行：

```
arrlen = 10
```

含义是一维数组的长度是10，通过上两行的一维数组可以知道，两个一维数组中元素的个数都是10。

第9行：

```
angles = np.linspace(0,2*np.pi,arrlen,endpoint=False)
```

这行代码是难点，首先其主要作用是设置角度，第一个参数是0，代表起始点，2π代表终点；函数linspace()中的第二个参数是2*np.pi, np.pi是一个常数，表示圆周率π，那么2×np.pi就相当于2π；第三个参数是arrlen，为10，相当于10等分，总的来说就是将一个360°的正圆进行十等分，这样每个类目就占了36°的区域。第四个参数endpoint=False的含义是，如果是True，"arrlen"是最后一个样本；否则，不包括"arrlen"样本。这里因为第一个参数为0，所以0~9就是10个元素，不用把10包含在内也是10个元素。

第10行：

```
plt.subplot(111,polar=True)
```

这行代码subplots()函数是用来设置子图的，第一个参数"111"表示"1×1"网格，第一个子图"；第二个参数polar属性为True表示是极地图。

第11行：

```
plt.plot(angles,data)
```

含义是绘制雷达图，根据angles、data字段的数据组成点，然后连接成线，形成雷达图轮廓。

第12行：

```
plt.fill(angles,data)
```

含义是用默认颜色填充第11行代码绘制的雷达区域。

第13行：

```
plt.thetagrids(angles*180/np.pi,labels)
```

含义是为第9等分的角度加上标签，也就是加上类目。

第14行：

```
plt.title('男生消费偏好')
```

含义是为雷达图加上标题。

第15行：

`plt.grid(True)`

含义是显示正圆上的网格线。

第16行：

`plt.show()`

含义是按照上面的参数设置显示雷达图。

单击 ▶ 按钮进行代码，效果如图6.6所示。

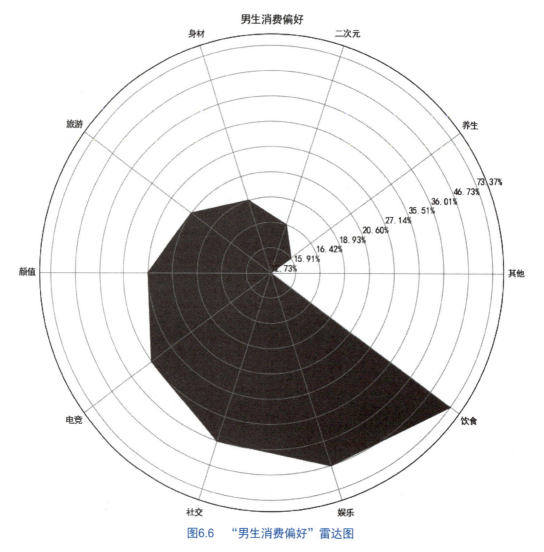

图6.6 "男生消费偏好"雷达图

该雷达图的标题有些不美观，可将标题字体放大、加粗。把第14行的代码修改为plt.title('男生消费偏好',fontsize=20, fontweight='bold')，修改后的效果如图6.7所示。

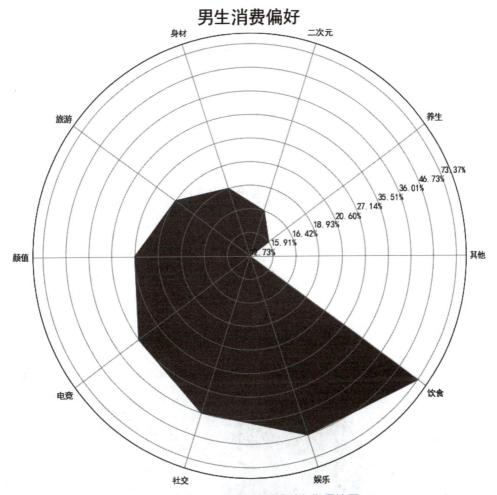

图6.7 修改后的"男生消费偏好"雷达图

对于雷达图的代码采用的是逐行解释,希望大家不只会运行代码,还要理解每行代码的含意及所起到的作用。

为了对"女生消费偏好"数据进行展示,需要先对代码进行修改,如图6.8所示。

```python
import numpy as np
import matplotlib.pyplot as plt
import matplotlib
matplotlib.rcParams['font.family']='SimHei'
matplotlib.rcParams['font.sans-serif'] = ['SimHei']
labels = np.array(['电竞', '二次元', '其他', '养生', '旅游', '身材', '社交', '娱乐', '颜值', '饮食'])
data = np.array(['12.73%', '15.91%', '16.42%', '18.93%', '20.60%', '27.14%', '35.51%', '36.01%', '46.73%', '73.37%'])
arrlen = 10
angles = np.linspace(0,2*np.pi,arrlen,endpoint=False)
plt.subplot(111,polar=True)
plt.plot(angles,data,'m')
plt.fill(angles,data,'m')
plt.thetagrids(angles*180/np.pi,labels)
plt.title('女生消费偏好',fontsize=20,fontweight='bold')
plt.grid(True)
plt.show()
```

图6.8 "女生消费偏好"雷达图代码

可以看出仅仅进行了微调：

第6~7行：数据由"男生消费偏好"换成了"女生消费偏好"。

第11~12行：在plot()和fill()函数中的第3个参数，把默认的颜色修改为指定的粉紫色的参数"m"。

第14行：将标题修改为"女生消费偏好"。

单击"运行"按钮，效果如图6.9所示。

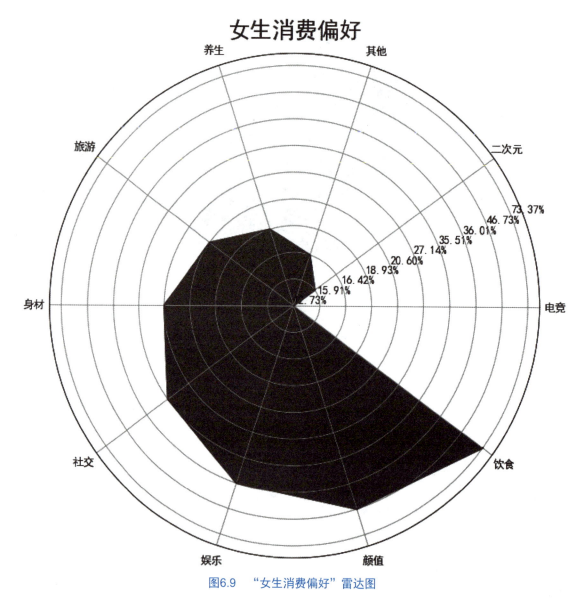

图6.9 "女生消费偏好"雷达图

步骤2：制作词云

词云又称文字云，是对文本数据中出现频率较高的"关键词"在视觉上的突出呈现，形成关键词的渲染形成类似云一样的彩色图片，从而一眼就可以领略文本数据的主要含义。

因为制作词云对数据有要求，需要把"男生消费偏好""女生消费偏好"数据的百分比换算成小数，处理后的数据如下：

男生类目比例=[0.1273,0.1591,0.1642,0.1893,0.2060,0.2714,0.3551,0.3601,0.4673, 0.7337]

女生类目比例=[0.0783,0.0805,0.1103,0.1709,0.1753,0.2040,0.3716,0.4564,0.5226, 0.8534]

处理完毕后，先通过PyCharm下载第三方库wordcloud，如图6.10所示。wordcloud是优秀的词云展示第三方库，以词语为基本单位，通过图形可视化的方式，更加直观和艺术地展示文本。

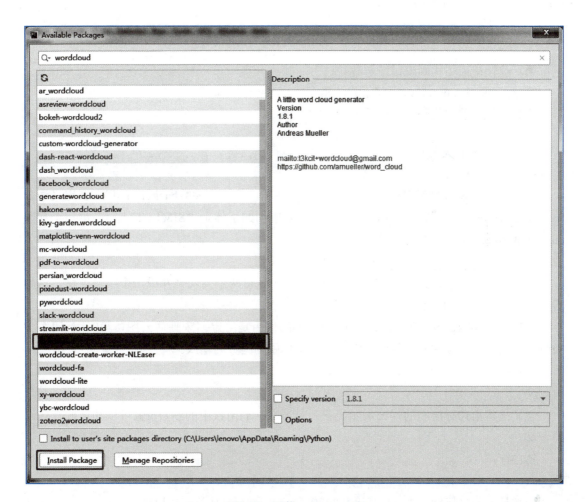

图6.10　下载wordcloud 库

下载完毕后，创建.py文件并编写代码，"男生消费偏好"数据的词云代码如图6.11所示。

```
1   import matplotlib
2   import matplotlib.pyplot as plt
3   import wordcloud
4   matplotlib.rcParams['font.family']='SimHei'
5   matplotlib.rcParams['font.sans-serif']=['SimHei']
6   w=wordcloud.WordCloud(background_color='white',font_path='SIMLI.TTF',max_font_size =50)
7   label=['其他','养生','二次元','身材','旅游','颜值','电竞','社交','娱乐','饮食']
8   data=[0.1273, 0.1591, 0.1642, 0.1893, 0.2060, 0.2714, 0.3551, 0.3601, 0.4673, 0.7337]
9   dic=dict(zip(label,data))
10  dt=w.generate_from_frequencies(dic)
11  plt.imshow(dt)
12  plt.axis("off")
13  plt.title('男生消费偏好',fontsize=25,fontweight='bold')
14  plt.show()
```

图6.11 "男生消费偏好"词云代码

第1～2行：前述代码中已经解释。

第3行：通过import导入之前下载的第三方库"wordcloud"。

第4～5行：前述代码中已经解释。

第6行：

```
w=wordcloud.WordCloud(background_color='white',font_path='SIMLI.TTF',max_font_size =50)
```

含义是通过WordCloud()函数来定义词云的样式，第一个参数background_color定义词云的背景是'white'；第二个参数font_path定义词云中词的字体是"SIMLI.TTF"；第三个参数max_font_size定义词云中词的最大字号。

第7～8行：同样是将类目和比例字段进行定义。

第9行：dic是Python中字典的形式，dict(zip())是将两个列表合并成一个字典方法，这里将列表label和data合并成一个字典。

第10行：函数generate_from_frequencies()的作用是给定词频画词云图，第9行代码中将类目对应的比例（频率）封装成了字典，将字典做为函数的输入。

第11行：

`plt.imshow(dt)`

含义是将第10行绘制的词云展示出来，从imshow()函数中的参数dt就可以知道此行代码的含义。

第12行：

`plt.axis("off")`

含义是关闭坐标轴，当axis()函数中的参数为"off"即是关闭坐标轴。

第13～14行：前述代码中已经解释。

单击"运行"按钮，效果如图6.12所示。

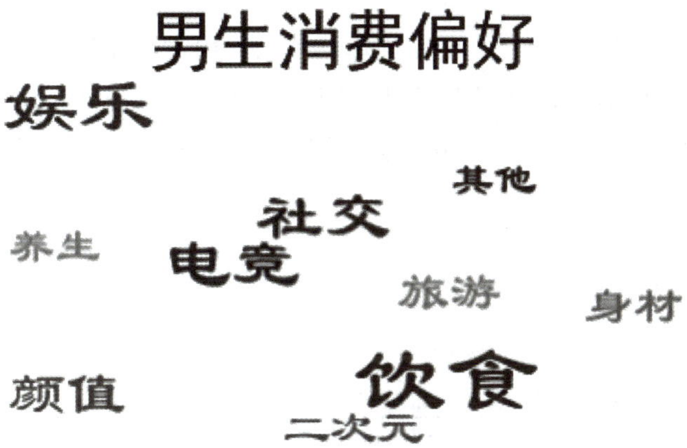

男生消费偏好

图6.12 "男生消费偏好"词云效果

从词云中可以看出"饮食"的字体最大,说明比例最高,而"其他"字体最小,说明比例最低,这就是词云带给人们最直观的感受。

通过简单修改"男生消费偏好"代码即可完成"女生消费偏好"代码,如图6.13所示。

```
import matplotlib
import matplotlib.pyplot as plt
import wordcloud
matplotlib.rcParams['font.family']='SimHei'
matplotlib.rcParams['font.sans-serif']=['SimHei']
w=wordcloud.WordCloud(background_color='white',font_path='SIMLI.TTF',max_font_size =50)
label=['电竞','二次元','其他','养生','旅游','身材','社交','娱乐','颜值','饮食']
data=[0.0783, 0.0805, 0.1103, 0.1709, 0.1753, 0.2040, 0.3716, 0.4564, 0.5226, 0.8534]
dic=dict(zip(label,data))
dt=w.generate_from_frequencies(dic)
plt.imshow(dt)
plt.axis("off")
plt.title('女生消费偏好',fontsize=25,fontweight='bold')
plt.show()
```

图6.13 "女生消费偏好"词云代码

单击"运行"按钮,出现图6.14所示的"女生消费偏好"的词云效果。

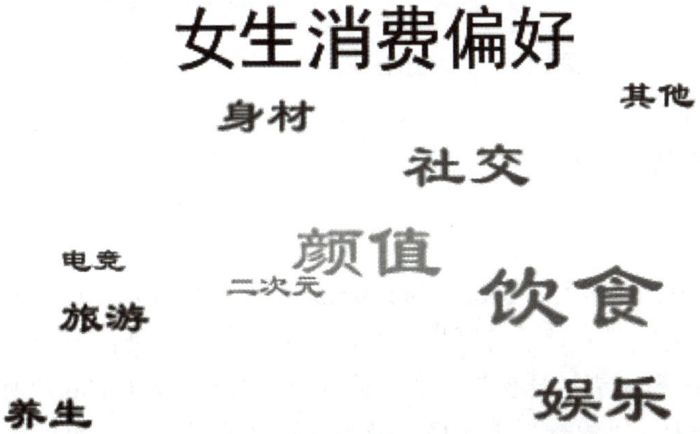

女生消费偏好

图6.14 "女生消费偏好"词云效果

可见女生这个词云的字体颜色搭配太简单，那么如何进行美化呢？

修改第六行代码w=wordcloud.WordCloud(background_color='white',font_path='SIMLI.TTF',max_font_size =50)，在WordCloud()函数中加上参数colormap='spring'即可，代码如图6.15所示。

```
1   import matplotlib
2   import matplotlib.pyplot as plt
3   import wordcloud
4   matplotlib.rcParams['font.family']='SimHei'
5   matplotlib.rcParams['font.sans-serif']=['SimHei']
6   w=wordcloud.WordCloud(background_color='white',font_path='SIMLI.TTF',max_font_size =50,colormap='spring')
7   label=['电竞','二次元','其他','养生','旅游','身材','社交','娱乐','颜值','饮食']
8   data=[0.0783, 0.0805, 0.1103, 0.1709, 0.1753, 0.2040, 0.3716, 0.4564, 0.5226, 0.8534]
9   dic=dict(zip(label,data))
10  dt=w.generate_from_frequencies(dic)
11  plt.imshow(dt)
12  plt.axis("off")
13  plt.title('女生消费偏好',fontsize=25,fontweight='bold')
14  plt.show()
```

图6.15　修改代码

修改后的"女生消费偏好"词云效果如图6.16所示。

图6.16　"女生消费偏好"修改后词云效果

项目巩固与提高

1．注意事项

在前面的项目中已经学习了通过Python编程达到雷达图和词云的可视化效果，在实验过程中需要注意：在生成词云时，需要将"类目"和"比例"进行一一对照，在运行时经常会出现字体的大小一样或者"比例"大的字体反而小的问题，如图6.17所示。"二次元"在词云中显示字体最大，"饮食"字体显示最小，这样的显示效果明显和数据不符，所以遇到这种情况时，首先排查"类目"和"比例"是否一一对应。

图6.17 词云错误显示

2. 可视化展示扩展

在前面任务中已经学习了数据的雷达图展示词云展示，接下来依次对雷达图和词云进行扩展。

（1）雷达图扩展

在前面的任务中，将男、女消费偏好数据分别用雷达图进行了展示，那么能否将两个雷达图合并在一起进行展示呢。

首先需要处理数据，将相同的类目对应男、女不同的消费偏好，并且将百分数转换成小数，具体数据整理如下：

```
类目 = ['其他','养生','二次元','身材','旅游','颜值','电竞','社交','娱乐','饮食']
男生消费偏好 = [0.1273, 0.1591, 0.1642, 0.1893, 0.2060, 0.2714, 0.3551, 0.3601, 0.4673, 0.7337]
女生消费偏好 = values_1 = [0.1103, 0.1709, 0.0805, 0.2040, 0.1753, 0.5226, 0.0783, 0.3716, 0.4564, 0.8534]
```

处理完数据后，创建radar.py文件，编写"男女消费偏好"雷达图代码，如图6.18所示。

```python
import numpy as np
import matplotlib.pyplot as plt
import matplotlib
matplotlib.rcParams['font.family']='SimHei'
matplotlib.rcParams['font.sans-serif'] = ['SimHei']
data_n = [0.1273, 0.1591, 0.1642, 0.1893, 0.2060, 0.2714, 0.3551, 0.3601, 0.4673, 0.7337]
data_N = [0.1103, 0.1709, 0.0805, 0.2040, 0.1753, 0.5226, 0.0783, 0.3716, 0.4564, 0.8534]
labels = ['其他', '养生', '二次元', '身材', '旅游', '颜值', '电竞', '社交', '娱乐', '饮食']
arrlen = 10
angles = np.linspace(0,2*np.pi,arrlen,endpoint=False)
plt.subplot(111,polar=True)
plt.plot(angles,data_n,'b')
plt.fill(angles,data_n,'b')
plt.plot(angles,data_N,'r')
plt.fill(angles,data_N,'r')
plt.thetagrids(angles*180/np.pi,labels)
plt.legend(["男生消费偏好","女生消费偏好"], loc='best')
plt.title('男女消费偏好',fontsize=20,fontweight='bold')
plt.grid(True)
plt.show()
```

图6.18 男女消费偏好雷达图代码

以上代码将"男生消费偏好"和"女生消费偏好"代码进行了综合,这里有差异的代码是第17行:

```
plt.legend(["男生消费偏好", "女生消费偏好"], loc='best')
```

plt.legend()函数主要的作用就是给图加上图例,并且设置图例的位置,第一个参数表明这里加了两个图例,分别是"男生消费偏好""女生消费偏好",第二个参数loc表明图例的位置,这里设置的"best"可以自动调节图例位置。

运行代码,效果如图6.19所示。

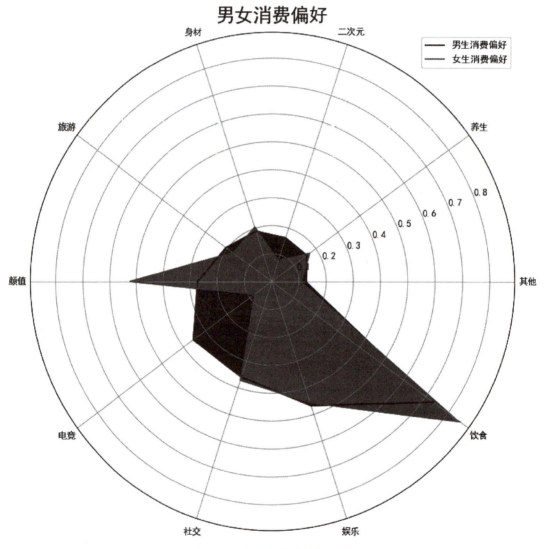

图6.19 男女消费偏好雷达图

还可以对雷达图进行优化,如对图6.18的区域颜色进行镂空处理,并在线条上增加适当的颜色,代码如图6.20所示。

```python
import numpy as np
import matplotlib.pyplot as plt
import matplotlib
matplotlib.rcParams['font.family']='SimHei'
matplotlib.rcParams['font.sans-serif'] = ['SimHei']
results = [{'其他': 0.1273, '养生': 0.1591, '二次元': 0.1642, '身材': 0.1893, '旅游': 0.206,
            '颜值': 0.2714, '电竞': 0.3551, '社交': 0.3601, '娱乐': 0.4673, '饮食': 0.7337},
           {'电竞': 0.0783, '二次元': 0.0805, '其他': 0.1103, '养生': 0.1709, '旅游': 0.1753,
            '身材': 0.204, '社交': 0.3716, '娱乐': 0.4564, '颜值': 0.5226, '饮食': 0.8534}]
data_length = len(results[0])
angles = np.linspace(0, 2*np.pi, data_length, endpoint=False)
labels = [key for key in results[0].keys()]
score = [[v for v in result.values()] for result in results]
score_a = np.concatenate((score[0], [score[0][0]]))
score_b = np.concatenate((score[1], [score[1][0]]))
angles = np.concatenate((angles, [angles[0]]))
labels = np.concatenate((labels, [labels[0]]))
fig = plt.figure()
ax = plt.subplot(111, polar=True)
ax.set_facecolor('yellow')# 设置雷达图底色
ax.grid(color="green")# 设置雷达图网格颜色
ax.plot(angles, score_a, color='b')
ax.plot(angles, score_b, color='r')
ax.set_thetagrids(angles*180/np.pi, labels,color='red')
ax.set_theta_zero_location('N')
ax.set_title("男女消费偏好",fontsize=30,fontweight='bold')
plt.legend(["男生消费偏好", "女生消费偏好"], loc='upper right')
plt.show()
```

图6.20　雷达图扩展颜色代码

单击"运行"按钮，效果如图6.21所示。

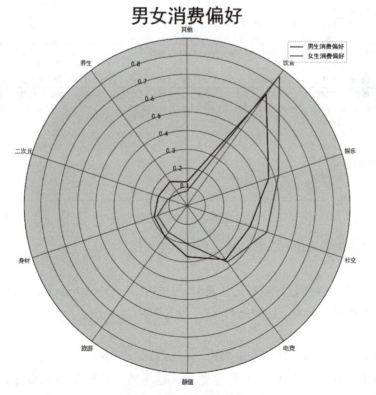

图6.21　雷达图美化效果

（2）词云扩展

之前介绍了wordcloud库的基本操作，使用的是系统默认的图片形状，但是有时候需要一个比较有个性的图片作为背景图片要怎么做呢？接来下介绍如何设置个性化的背景图。

由于数据量不大，所以这里考虑用简单图形作为背景图，如图6.22所示的五角星图。

图6.22　五角星图

修改代码，如图6.23所示，这里采用"女生消费偏好"的代码作为原始代码。

```
1   import matplotlib.pyplot as plt
2   import matplotlib
3   import wordcloud
4   import numpy as np
5   from PIL import Image
6   matplotlib.rcParams['font.family']='SimHei'
7   matplotlib.rcParams['font.sans-serif'] = ['SimHei']
8   image= Image.open(r'C:\Users\lenovo\Desktop\star.jpg')
9   graph = np.array(image)#读取背景图
10  w = wordcloud.WordCloud(background_color='white',font_path='SIMLI.TTF',colormap='spring',mask=graph)
11  label =['电竞', '二次元', '其他', '养生', '旅游', '身材', '社交', '娱乐', '颜值', '饮食']
12  data=[0.1273, 0.1591, 0.1642, 0.1893, 0.2060, 0.2714, 0.3551, 0.3601, 0.4673, 0.7337]
13  dic = dict(zip(label, data))
14  dt=w.generate_from_frequencies(dic)
15  plt.imshow(dt)
16  plt.axis("off")
17  plt.title('女生消费偏好',fontsize=30,fontweight='bold')
18  plt.show()
```

图6.23　修改代码

该代码与"女生消费偏好"代码相比做了以下修改：

第4~5行：

第4行代码在雷达图中已经解释过。第5行中的PIL：Python Imaging Library，是Python平台事实上的图像处理标准库，目的是为第8行导入图片。

第8行：

`image= Image.open(r'C:\Users\lenovo\Desktop\star.jpg')`

意思是打开"star.jpg"这张五角星图片，这里的路径就是五角星图片在计算机中的位置。

第9～10行：

```
graph=np.array(image)# 读取背景图
w=wordcloud.WordCloud(background_color='white',font_path='SIMLI.TTF',
colormap='spring',mask=graph)
```

首先需要将打开的背景图进行读取，然后通过参数mask放置在词云中作为背景图。

单击"运行"按钮，效果如图6.24所示。显示出五角星形状的词云。

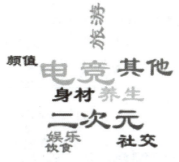

图6.24　五角星背景词云

同理选择一个红心背景，如图6.25所示。

图6.25　红心背景图

只需修改"红心"背景的路径，即可显示图6.26所示的红心词云。

图6.26 红心词云

（3）词云丰富扩展

在上面的词云实验中，数据太少导致词云不丰富。这里将"2021年政府工作报告"作为词云文本，首先创建一个"2021政府工作报告.txt"的文档，通过代码生成词云（该代码不要求掌握，能够模仿地展示出即可），如图6.27所示。

```
1   import matplotlib.pyplot as plt
2   import jieba
3   from wordcloud import WordCloud
4   import matplotlib
5   matplotlib.rcParams['font.family']='SimHei'
6   matplotlib.rcParams['font.sans-serif']=['SimHei']
7   text = open(r'C:\Users\Administrator\Desktop\2021政府工作报告.txt', "r").read()
8   cut_text = jieba.cut(text)
9   result = " ".join(cut_text)
10  dt = WordCloud(background_color='white',max_font_size=50,min_font_size=10,mode='RGBA',font_path='SIMLI.TTF')
11  dt.generate(result)
12  plt.imshow(dt)
13  plt.axis("off")
14  plt.title('2021年政府工作报告',fontsize=25,fontweight='bold')
15  plt.show()
```

图6.27 "2021年政府工作报告"词云代码

单击"运行"按钮，出现图6.28所示词云效果。

图6.28 "2021年政府工作报告"词云效果

我们可以将牛头作为词云的背景，首先找一张牛头作为背景图，编写代码，如图6.29所示。

```python
import matplotlib.pyplot as plt
import jieba
from wordcloud import WordCloud
import matplotlib
import numpy as np
from PIL import Image
matplotlib.rcParams['font.family']='SimHei'
matplotlib.rcParams['font.sans-serif']=['SimHei']
image=Image.open(r'C:\Users\Administrator\Desktop\牛头.png')
text=open(r'C:\Users\Administrator\Desktop\2021政府工作报告.txt','r').read()
graph=np.array(image)
cut_text=jieba.cut(text)
result=" ".join(cut_text)
dt=WordCloud(background_color='white',mode='RGBA',
             font_path='SIMLI.TTF',mask=graph)
dt.generate(result)
plt.imshow(dt)
plt.axis('off')
plt.title('2021年政府工作报告',fontsize=25,fontweight='bold')
plt.show()
```

图6.29 "2021年政府工作报告"牛头背景代码

单击"运行"按钮，效果如图6.30所示。

图6.30 "2021年政府工作报告"牛头背景效果

项目总结

1. 技术层面

① 使用"男女消费偏好"的数据作为数据源,以Python编程的方式呈现出雷达图和词云图。

② 在扩展模块中,对雷达图和词云图的展示效果进行了优化,将"男生消费偏好"数据和"女生消费偏好"数据放在雷达图上进行联合展示,这样能更明显地看出男女消费偏好的差异。

③ 对于"词云"图,从固定的系统图形扩展到个性化的定制背景图。

2. 数据层面

① 通过"男女消费偏好"雷达图可以看出饮食类目占据了绝对主导的地位,说明不管对于男生还是女生来说,日常消费当中最主要的部分都是用于饮食。这也印证了马斯诺的需求层次论。

② 可以看到除了饮食以外的其他几项消费项目所占比例,如"娱乐""社交"。说明在保证基本生存的条件下,大学生开始积极扩展自己的兴趣爱好。其中男女消费差异最明显的是颜值这项类目。在颜值消费一项中,女生比男生高25.12%,说明女大学生更加注重自己的外在形象。

③ 通过Python进行的可视化展示,加深了对男女消费异同的认识。大部分学生消费更偏向于饮食,有一部分消费会用于游戏充值等,大学生的消费种类以及消费方式正朝着多样化方式发展,小部分学生消费不够合理,特别是男生,节俭意识不强,没有形成正确的消费观,而且其自主消费经验较少,无法对自己的生活费开支进行合理的计划与划分,随心所欲、自控能力不强,容易造成非理性消费。

项目七 高校新生数据综合展示

项目导读

本项目是前面六个项目的综合,将采用相同的数据源,利用Excel、Tableau以及Python编程三种不同的工具对数据进行展示,且引入了目前比较流行的BI工具-灯果可视化工具来实现可视化大屏展示效果。在本项目中会处理高校学生的生源地数据,通过四种不同的可视化工具对数据进行全面的展示,并且对比四种工具的优劣。

2021年的高考录取工作早已结束,历经无数个努力付出的日日夜夜,突破了重重考验与选拔,新一届本科生如愿收到来自各个高校的录取通知书。还未到校的大学新生们是不是想先了解一下伙伴们的情况呢?别着急,本项目这就为你解密2021级本科生大数据。本次数据以2021年上海海事大学的新生数据为例,由上海海事大学的官方公众号公开数据整理而成。

新生数据类目众多,首先获取上海海事大学的新生的生源地数据,利用Excel、Tableau、Python编程可视化图表,然后获取该校其他类别的新生数据,利用灯果可视化生成大屏展示,可以多维度、全方位地看出该校2021级本科生的学生全貌。

项目目标

知识目标	能力目标	职业素养
熟练操作Excel、Tableau、Python编程以及灯果可视化展示与优化	① 会使用Excel工具可视化展示。 ② 会使用Tableau工具可视化展示。 ③ 会使用Python编程可视化展示。 ④ 会灯果可视化平台的使用	① 具有自主学习的能力 ② 具有对三种工具的综合归纳能力

项目描述

2021年上海市普通高校招生录取已全部结束,考生的录取通知书由各招生院校陆续发出。上海海事大学(以下简称海大)将迎来3 994名新生。日前,海大对2021年的新生做了一番大数据调查。大数据显示，2021年被海大录取的3 994名同学来自上海、安徽、广西、贵州、四川、河南等30个省市地区，其中上海占比最高，有1 452名新生。新生从1 810所高中奔赴海大，其中上海本地有174所。

作为学生的小李对这样的数据感觉很好奇，就以上海海事大学新生数据作为例子，使用已经学过的Excel、Tableau以及Python编程进行可视化。他通过这三种工具做出新生大数据的可视化展示，最后又了解到目前比较流行的BI工具，所以通过灯果可视化对上海海事大学的新生也进行多维度的展示。

1. 数据准备

本次数据来源为上海海事大学的官方公众号，由公开数据经过整理而成（数据推文是2021年8月11日）。新生数据类目众多，取上海海事大学的新生的生源地、性别、星座、少数民族人数数据，因为三种可视化工具都有漏斗图，所以使用共有图表的漏斗图对数据进行展示。

2. 数据处理

将整理好的新生数据复制到Excel中，如图7.1所示。

生源地		性别（人数）		星座（人数）					少数民族（人数）				
生源地	人数	男生	女生	天秤座	天蝎座	摩羯座	处女座	射手座	壮族	回族	土家族	维吾尔族	苗族
上海	1452												
安徽	251												
广西	202												
贵州	187												
四川	180												
河南	180												
浙江	154												
新疆	151												
广东	121												
甘肃	109												
云南	107												
重庆	86												
山东	80												
河北	80												
江西	72	2422	1572	407	373	364	353	343	58	42	30	29	28
山西	69												
江苏	62												
黑龙江	62												
福建	59												
宁夏	58												
湖南	57												
辽宁	55												
湖北	34												
内蒙古	27												
吉林	21												
天津	20												
海南	20												
西藏	15												
陕西	13												
北京	10												

图7.1　新生的生源地数据

项目实战

任务　不同工具可视化

任务描述

通过"上海海事大学2021级新生生源地"数据可以看出,上海生源地的比例最高,本市办的大学,录取本市的学生略多于外省市,也无可厚非。安徽生源地比例居其次,湖北生源地比例居最后,这也间接说明了,上海对其他省市学生也具有强大的吸引力。在外省读大学,这样大多数同学都是来自五湖四海,有利于拓展眼界,发展人际关系。

以下将介绍如何利用上面的数据通过Excel、Tableau以及Python编程方式进行展示。

任务实施

在本任务中,将利用Excel、Tableau以及Python编程对上海海事大学2021级新生生源地进行漏斗图的可视化展示。

步骤1: Excel可视化展示

首先打开保存好的Excel表格,选中数据,单击"插入"→"图表"→"漏斗图",如图7.2所示。

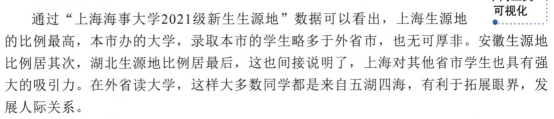

图7.2　单击"漏斗图"

出现图7.3所示的漏斗图。对该图进行优化,首先将颜色变为渐变色,右击漏斗图中数据条,在弹出的快捷菜单中,选择"设置数据系列格式"命令,在打开窗格的"填充"选项卡里进行设置,如图7.4所示。

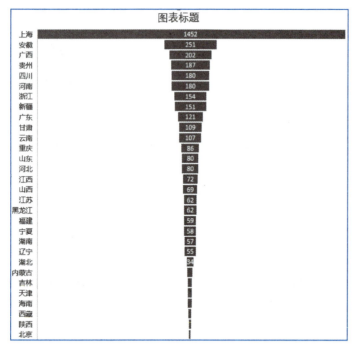

图7.3 漏斗图默认设置

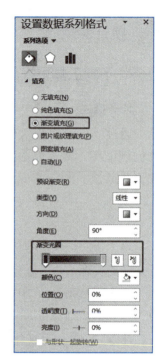

图7.4 设置数据系列格式

操作完毕后,添加标题"上海海事大学-2021级新生生源地统计",最终效果如图7.5所示。

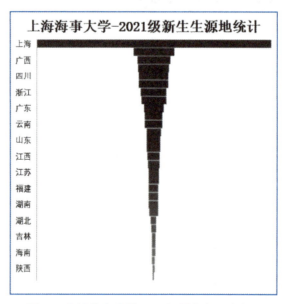

图7.5 上海海事大学-2021级新生生源地统计

以上就是Excel漏斗图效果展示的上海海事大学2021级新生生源地数据。

步骤2:Tableau可视化展示

对于Tableau处理的Excel数据源,首先需要对Excel表格进行处理,加入"人数平均"

列，数据处理后如图7.6所示。

	A	B	C
1	生源地	人数	人数平均
2	上海	1452	726
3	安徽	251	125.5
4	广西	202	101
5	贵州	187	93.5
6	四川	180	90
7	河南	180	90
8	浙江	154	77
9	新疆	151	75.5
10	广东	121	60.5
11	甘肃	109	54.5
12	云南	107	53.5
13	重庆	86	43
14	山东	80	40
15	河北	80	40
16	江西	72	36
17	山西	69	34.5
18	江苏	62	31
19	黑龙江	62	31
20	福建	59	29.5
21	宁夏	58	29
22	湖南	57	28.5
23	辽宁	55	27.5
24	湖北	34	17
25	内蒙古	27	13.5
26	吉林	21	10.5
27	天津	20	10
28	海南	20	10
29	西藏	15	7.5
30	陕西	13	6.5
31	北京	10	5

图7.6　在Excel表格中加"人数平均"列

将处理后的数据导入Tableau，展示上海海事大学2021级新生生源地数据。首先将"人数平均"字段进行复制，操作可以参考项目四，然后将"人数平均"字段按照由大到小的顺序进行排列，操作后的效果如图7.7所示。

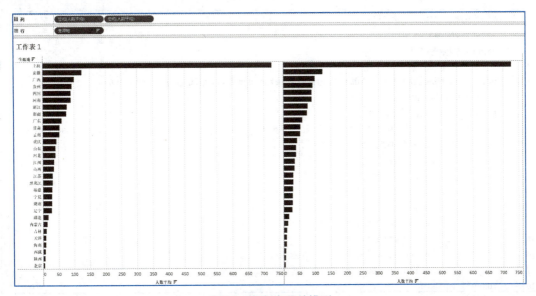

图7.7　复制字段并排列

对第一个柱形图进行"倒序"操作，横轴取消显示，加上标题，最后显示效果如图7.8所示。

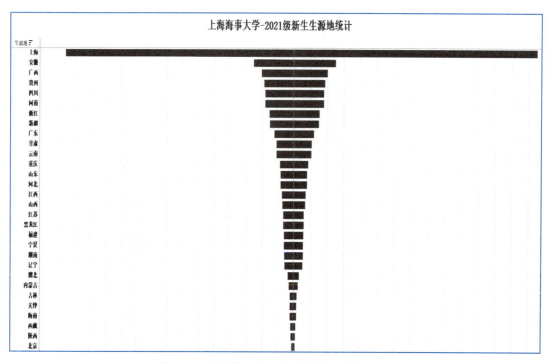

图7.8　上海海事大学-2021级新生生源地统计

步骤3：Python可视化展示

Python编程实现漏斗图可视化也是比较难的知识点（这里不要求掌握代码，能够模仿代码实现即可），"生源地数据"代码实现如图7.9所示。注意本次pyecharts模块的版本是0.1.9.4。

```
1   from pyecharts import Funnel
2   import pandas as pd
3   import numpy as np
4   # 导入创建漏斗图所需要的数据
5   data = pd.read_excel(r'C:\Users\Administrator\Desktop\生源地数据.xlsx', 'Sheet1')
6   area = data['生源地'].tolist()
7   pernum=data['人数'].tolist()
8   funnel1 = Funnel("上海海事大学-2021级新生生源地统计", width=1000, height=900, title_pos='center')
9   funnel1.add(name="地区",       # 指定图例名称
10              attr=area,          # 指定属性名称
11              value=pernum,       # 指定属性所对应的值
12              is_label_show=True, # 指定标签是否显示
13              label_formatter='{c}%',   # 指定标签显示的格式
14              label_pos="inside",  # 指定标签的位置
15              legend_orient='vertical',  # 指定图例的方向
16              legend_pos='left',   # 指定图例的位置
17              is_legend_show=True)  # 指定图例是否显示
18   funnel1.render()
```

图7.9　生源地数据漏斗图代码

单击"运行"按钮，在PyCharm出现图7.10所示网页文本"render.html"。

图7.10　上海海事大学-2021级新生生源地统计网页文本

双击"render.html"网页文本，结果如图7.11所示。

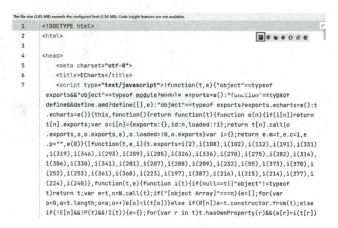

图7.11　双击网页文本结果

单击右上角图标，即可出现图7.12所示效果。

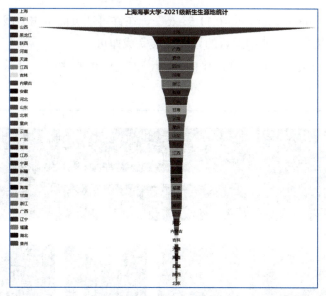

图7.12　上海海事大学-2021级新生生源地统计漏斗图

以上通过三种工具实现了上海海事大学-2021级新生生源地统计漏斗图，读者可以比较三种工具的优劣。

步骤4：灯果可视化

（1）下载与安装

首先打开Web浏览器，访问灯果可视化官网，如图7.13所示。

图7.13　灯果可视化官网

单击"免费下载"按钮，将灯果可视化安装程序保存在本地计算机，下载的程序如图7.14所示。

图7.14　灯果可视化安装程序

双击程序文件"bingovue-setup-0.11.5.exe"，在许可证页面单击"我同意"，即可进入灯果可视化程序安装向导。使用默认的设置安装完成即可。

安装完成后双击桌面的灯果可视化图标，该软件需要注册，可通过手机号注册完毕后进入主页面，如图7.15所示。

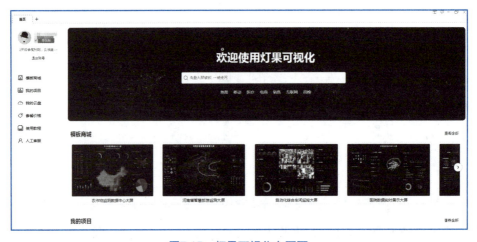

图7.15　灯果可视化主页面

单击图7.15中"模版商城"的"查看全部",出现图7.16所示界面。

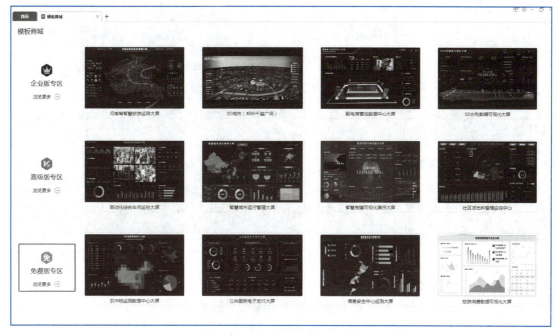

图7.16 模版商城

单击"免费版专区"中的"浏览更多",选择"景区数据展示大屏"作为模版,如图7.17所示。

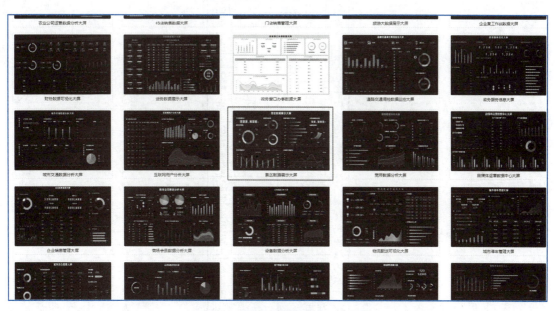

图7.17 "景区数据展示大屏"模版

单击"景区数据展示大屏"模版的"立刻使用"就进入了编辑模版界面,如图7.18所示。

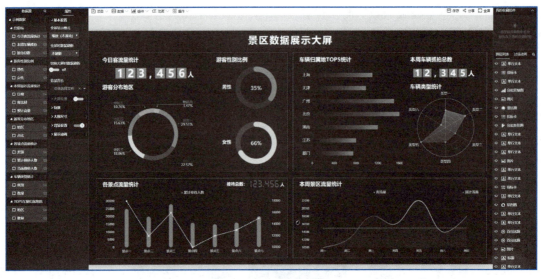

图7.18 编辑模版界面

（2）高校新生数据可视化

首先将"生源地人数"的原始数据导入，如图7.19所示。

1	生源地	人数
2	上海	1452
3	安徽	251
4	广西	202
5	贵州	187
6	四川	180
7	河南	180
8	浙江	154
9	新疆	151
10	广东	121
11	甘肃	109
12	云南	107
13	重庆	86
14	山东	80
15	河北	80
16	江西	72
17	山西	69
18	江苏	62
19	黑龙江	62
20	福建	59
21	宁夏	58
22	湖南	57
23	辽宁	55
24	湖北	34
25	内蒙古	27
26	吉林	21
27	天津	20
28	海南	20
29	西藏	15
30	陕西	13
31	北京	10

图7.19 生源地数据

单击"数据"中的"添加数据",选择"文件"中的"Excel",导入数据后单击"确定"按钮,如图7.20所示。

图7.20 导入数据

导入数据成功后,在左侧的"数据源"中可以看到刚才导入的数据,如图7.21所示。

图7.21 数据源中的数据

现在按照以下步骤对模版进行修改：

① 单击需要修改的文本字段，这里以标题为例，如图7.22所示，选中标题，单击左侧栏目"属性"中的"文本"，即可修改为需要展示的文本"上海海事大学-2021级新生大数据"。

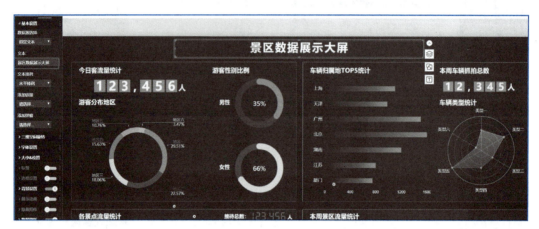

图7.22　修改文本

② 同样的方法将原图中的"今日客流量统计"模块改为"新生总人数"模块，将"人数"字段拖动到"字段"中的"取值字段"中，如图7.23所示。

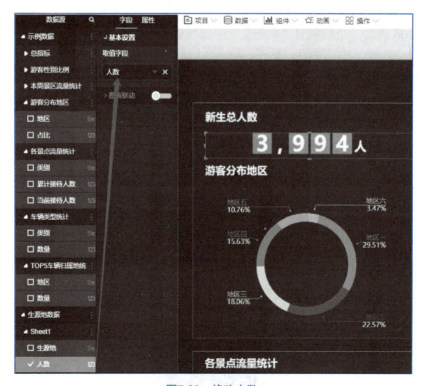

图7.23　修改人数

③ 将图7.22中的"游客分布地区"模块改为"少数民族"模块，需要新建少数民族数据，如图7.24所示。

将此Excel数据导入模版中,并更改模版,效果如图7.25所示。

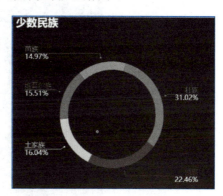

	A	B
1	民族	人数
2	壮族	58
3	回族	42
4	土家族	30
5	维吾尔族	29
6	苗族	28

图7.24　少数民族数据　　　　　　　　　　图7.25　"少数民族"模块

④ 将图7.22中的"游客性别比例"模块改为"新生性别比例"模块,需要新建新生性别比例数据,如图7.26所示。

更改后的"新生性别比例"模块效果如图7.27所示。

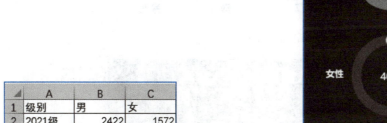

图7.26　新生性别比例数据　　　　　　　　图7.27　"新生性别比例"模块

⑤ 将图7.22中的"车辆归属地Top5统计"模块改为"新生来源地Top5统计"模块,需要省市地区新生人数前五名排行数据,通过计算处理得到图7.28所示数据。

	A	B
1	生源地	人数
2	上海	1452
3	安徽	251
4	广西	202
5	贵州	187
6	四川	180

图7.28　省市地区新生人数排行

将此Excel数据导入模版中,并更改模版,效果如图7.29所示。

图7.29 "新生来源地Top5统计"模块

⑥ 将图7.22中的"车辆类型统计"模块改为"新生人数最多的五大星座"模块，同样需要整理数据，如图7.30所示。

	A	B
1	星座	人数
2	天秤座	407
3	天蝎座	373
4	摩羯座	364
5	处女座	353
6	射手座	343

图7.30 新生人数最多的五大星座

导入数据并进行更改，效果如图7.31所示。

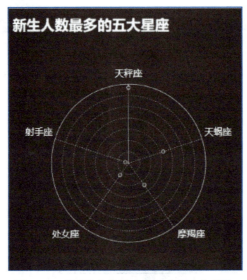

图7.31 "新生人数最多的五大星座"模块

⑦ 将图7.22中的"各景点流量统计"模块改为"新生生源地统计"模块，数据就是最

初导入的生源地数据,经过调整后的模块效果如图7.32所示。

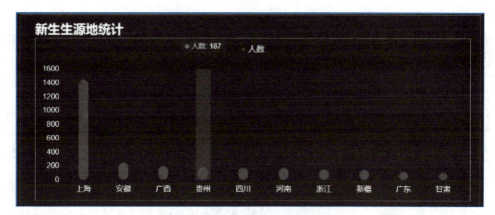

图7.32 "新生生源地统计"模块

⑧ 最后将图7.22中的"本周景区流量统计"模块改为"各学院新生男女生对比"模块,整理各学院新生男女生数据,如图7.33所示。

	A	B	C
1	学院	男生人数	女生人数
2	商船学院	711	82
3	交通运输学院	283	232
4	经济管理学院	220	490
5	物流工程学院	479	141
6	信息工程学院	339	98
7	外国语学院	42	183
8	法学院	36	119
9	海洋科学与工程学院	227	110
10	文理学院	47	46
11	徐悲鸿艺术学院	38	71

图7.33 各学院新生男女生对比

导入图7.32数据并修改模版,效果如图7.34所示。

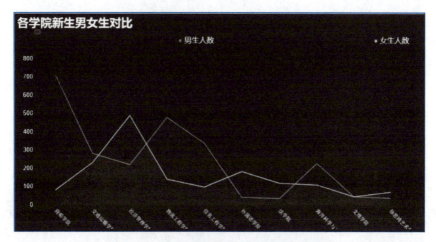

图7.34 "各学院新生男女生对比"模块

通过对各个模块的调整，最终"上海海事大学-2021级新生大数据"可视化界面如图7.35所示。

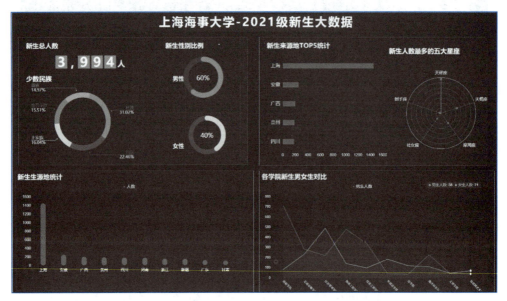

图7.35 "上海海事大学-2021级新生大数据"可视化界面

项目总结

项目七是本教材的项目总结，使用了前面项目中学到的三种工具，即Excel、Tableau和Python，利用这三种工具分别做出生源地漏斗图，对比不同工具做出的生源地漏斗图，可以很明显的看出各个工具在不同场景下的优劣，有的工具操作简单但做出的效果平谈，有的工具操作复杂但是最终呈现的效果炫目，通过前面六个项目的学习，读者对这些工具的使用一定要达到游刃有余，纵观六个项目，不同的项目使用了不同的工具，其实这些工具可以交叉使用、交叉展示，这个问题留给读者思考和尝试。